U0185447

教育部高等学校电子信息类专业教学指导委员会规划教材

高等学校电子信息类专业系列教材

数据结构实验指导与课程设计

高秀娥　主编

秦静　桑海涛　陈霞　陈世峰　张凌宇　副主编

清华大学出版社

北京

内 容 简 介

全书分为 3 章。第 1 章为基础实验,共包含 5 节,每节首先介绍本章的学习要点、目标、实验涉及的基础知识点,然后针对该节知识点的应用进行实验设计,从实验目的、内容、算法设计、程序实现 4 方面进行介绍。第 2 章是课程设计,选取与日常生活相关的 10 个项目案例,将数据结构课程的相关知识运用到项目案例中,课程设计项目遵循软件开发的流程,从问题描述、需求分析、项目设计、项目实现四方面阐述如何运用数据结构的相关知识解决复杂的应用问题。第 3 章介绍 C/C++的集成环境 Code∷Blocks 的安装、配置、工程的创建、源代码的编辑、编译、调试及运行的基本步骤,帮助学习者更好地完成本书第 1 章和第 2 章内容的程序实现。

本书精心设计了典型的实验案例,内容力求通俗易懂,可作为高等院校计算机及相关专业数据结构课程的实验教材。

图书在版编目(CIP)数据

数据结构实验指导与课程设计/高秀娥主编.—北京:清华大学出版社,2023.11
高等学校电子信息类专业系列教材
ISBN 978-7-302-63098-2

Ⅰ.①数⋯ Ⅱ.①高⋯ Ⅲ.①数据结构－高等学校－教材 Ⅳ.①TP311.12

中国国家版本馆 CIP 数据核字(2023)第 047608 号

责任编辑:王 芳 李 晔
封面设计:李召霞
责任校对:韩天竹
责任印制:宋 林

出版发行:清华大学出版社
    网　　　址:https://www.tup.com.cn,https://www.wqxuetang.com
    地　　　址:北京清华大学学研大厦 A 座　　邮　　编:100084
    社 总 机:010-83470000　　邮　　购:010-62786544
    投稿与读者服务:010-62776969,c-service@tup.tsinghua.edu.cn
    质量反馈:010-62772015,zhiliang@tup.tsinghua.edu.cn
    课件下载:https://www.tup.com.cn,010-83470236
印 装 者:大厂回族自治县彩虹印刷有限公司
经　　销:全国新华书店
开　　本:185mm×260mm　　印　张:7.25　　字　数:133 千字
版　　次:2023 年 11 月第 1 版　　印　次:2023 年 11 月第 1 次印刷
印　　数:1～1500
定　　价:29.00 元

产品编号:092511-01

前 言

PREFACE

　　数据结构是计算机专业及相关专业的一门核心专业基础课程,是进行计算机程序设计的重要基础,也是计算机专业硕士研究生入学考试的必考科目之一。本课程主要研究用计算机解决实际问题时,如何进行数据的表示及数据的处理,课程涉及的概念多、知识面广,相关的原理和算法十分抽象。课程的教学存在"难教难学"的情况,学生要学好数据结构,必须加强实际动手能力的训练。为帮助学生能够尽快掌握"数据结构"课程的整体内容,为后续课程,尤其是软件方面的课程打下坚实的基础,我们编写了本书。

　　本实验指导教程是配合《数据结构》(ISBN 978-7-302-61164-6)而编写的。本书在内容编排方面,按照教材的内容顺序循序渐进、由浅入深地设计选取案例。在内容编排上分为3章。第1章是基础实验,第2章是课程设计,第3章是开发C/C++程序的集成环境Code::Blocks的介绍。

　　第1章介绍了每节学习的要点、学习的目标、涉及的基础知识点,然后针对每节的知识点,进行基础实验设计,每个实验从实验的目的、内容、算法设计、程序实现4方面进行介绍,每节都设计了相应的应用案例,让学生明确知识点如何运用。

　　第2章是课程设计,教程选取学生熟悉的生活场景案例,将数据结构课程的相关知识运用到项目案例中,在每个项目中,首先介绍项目的背景,分析项目中涉及的数据,阐述在一个项目中如何选择和使用多种基本数据结构,分析如何对这些数据进行操作,有效地将它们融合在一起解决实际的复杂应用问题。通过课程设计的项目实践,使学生能从更深层次上掌握数据结构的基本理论知识及其应用范围,掌握应用的方法和过程。

　　工欲善其事,必先利其器。本书选取了免费、开源、功能完善、简单易用、跨平台的Code::Blocks IDE作为第1章和第2章内容的程序实现平台;第3章通过图文的方式一步一步具体介绍Code::Blocks IDE的安装、配置、工程创建、源程序的新建、编辑、调试、编译、运行。帮助学生熟练掌握程序开发工具的使用,更好地完成数据结构课程中相关算法应用的程序实现。

　　本书具有以下特点。

（1）内容具有全面性、深入性和综合性。本书在选择案例时由浅入深，精心设计，内容涵盖数据结构的重要核心知识。针对数据结构课程各章的知识点，首先给出基本功能的实现及对应的应用案例，帮助学生理解理论知识点的程序实现。在实现基础实验之后，进行课程设计，实现各章知识点的综合应用，本教程中通过实验课设计、调试、运行已有的各种典型算法和程序，从实践中锻炼学生的程序设计能力，让学生能循序渐进地掌握和运用数据结构课程的相关理论知识，解决软件开发中的实际问题，达到学以致用的目的。

（2）内容编排适合实际教学的需要。在实验案例的选择方面，不仅有针对知识点的基础案例为学生提供很好的学习机会和训练机会，消除学习中的畏难情绪；同时也提供与现实生活场景密切相关的典型综合应用案例作为课程设计内容，可激发学生的学习兴趣，更好地提高学生的专业技能水平。为了让学生能自主实践，针对各个实验及课程设计项目，书中分析项目案例所涉及的相关数据元素、数据的存储表示及操作，给出了主函数框架，具体代码实现需要学生自行完成。书中的基础实验和课程设计全部采用 C/C++语言源代码描述，这些源代码都经过调试并且在教学过程中已经应用，教师可以方便地获取并引导学生进行分析和实现。因此，本书的编排符合实际的教学需求。

本书可作为高等院校计算机及相关专业数据结构课程的实验教材。

由于编者水平有限，不当之处在所难免，希望读者批评指正。

编　者

2023 年 9 月

目 录
CONTENTS

第1章　基础实验 ………………………………………………………………… 1

1.1　线性表 ………………………………………………………………………… 1

本节要点 …………………………………………………………………………… 1

学习目标 …………………………………………………………………………… 1

基本知识点 ………………………………………………………………………… 1

实验1　顺序表基本功能实现 ……………………………………………………… 2

实验2　链表基本功能的实现 ……………………………………………………… 4

1.2　栈和队列 ……………………………………………………………………… 6

本节要点 …………………………………………………………………………… 6

学习目标 …………………………………………………………………………… 6

基本知识点 ………………………………………………………………………… 7

实验3　栈和队列的基本功能实现(1)
　　　　——栈的顺序表示和实现 ……………………………………………… 7

实验4　栈和队列的基本功能实现(2)
　　　　——栈的链式表示和实现 ……………………………………………… 10

实验5　栈和队列的基本功能实现(3)
　　　　——队列的链式表示和存储 …………………………………………… 13

实验6　栈和队列的基本功能实现(4)
　　　　——队列的顺序表示和实现 …………………………………………… 16

实验7　栈的应用——数制转换 ………………………………………………… 19

1.3　树 …………………………………………………………………………… 21

本节要点 ………………………………………………………………………… 21

学习目标 ………………………………………………………………………… 21

基本知识点 ……………………………………………………………………… 22

实验8　二叉树的应用 …………………………………………………………… 22

1.4　图 …………………………………………………………………………… 25

本节要点 ……………………………………………………… 25

学习目标 ……………………………………………………… 25

基本知识点 …………………………………………………… 25

实验 9　图的应用 …………………………………………… 26

1.5　查找和排序 …………………………………………………… 27

本节要点 ……………………………………………………… 27

学习目标 ……………………………………………………… 27

基本知识点 …………………………………………………… 28

实验 10　排序算法的应用 ………………………………… 29

实验 11　查找算法的应用 ………………………………… 32

第 2 章　课程设计 ………………………………………………… 36

2.1　课程设计 1　考生报名管理系统 ………………………… 36

2.1.1　问题描述 ……………………………………………… 36

2.1.2　需求分析 ……………………………………………… 36

2.1.3　项目设计 ……………………………………………… 37

2.1.4　项目实现 ……………………………………………… 38

2.1.5　项目运行初始界面 …………………………………… 40

2.2　课程设计 2　报数游戏 …………………………………… 40

2.2.1　问题描述 ……………………………………………… 40

2.2.2　需求分析 ……………………………………………… 41

2.2.3　项目设计 ……………………………………………… 41

2.2.4　项目实现 ……………………………………………… 42

2.2.5　项目运行界面 ………………………………………… 43

2.3　课程设计 3　八皇后问题 ………………………………… 44

2.3.1　问题描述 ……………………………………………… 44

2.3.2　需求分析 ……………………………………………… 44

2.3.3　项目设计 ……………………………………………… 44

2.3.4　项目实现 ……………………………………………… 45

2.3.5　项目运行界面 ………………………………………… 45

2.4　课程设计 4　停车场管理系统 …………………………… 46

2.4.1　问题描述 ……………………………………………… 46

2.4.2　需求分析 ……………………………………………… 47

2.4.3　项目设计 ……………………………………………… 47

　　　2.4.4　项目实现 ……………………………………………… 48

　　　2.4.5　运行结果 ……………………………………………… 49

　2.5　课程设计5　文本文件的检索——KMP …………………… 52

　　　2.5.1　问题描述 ……………………………………………… 52

　　　2.5.2　需求分析 ……………………………………………… 52

　　　2.5.3　项目设计 ……………………………………………… 52

　　　2.5.4　项目实现 ……………………………………………… 53

　　　2.5.5　项目运行结果 ………………………………………… 54

　2.6　课程设计6　超市商品目录管理 …………………………… 55

　　　2.6.1　问题描述 ……………………………………………… 55

　　　2.6.2　需求分析 ……………………………………………… 56

　　　2.6.3　项目设计 ……………………………………………… 56

　　　2.6.4　项目实现 ……………………………………………… 57

　　　2.6.5　项目运行初始界面 …………………………………… 58

　2.7　课程设计7　压缩软件的设计——哈夫曼编码 …………… 59

　　　2.7.1　问题描述 ……………………………………………… 59

　　　2.7.2　需求分析 ……………………………………………… 59

　　　2.7.3　项目设计 ……………………………………………… 60

　　　2.7.4　项目实现 ……………………………………………… 62

　　　2.7.5　项目运行初始界面 …………………………………… 63

　2.8　课程设计8　城市地铁规划问题 …………………………… 64

　　　2.8.1　问题描述 ……………………………………………… 64

　　　2.8.2　需求分析 ……………………………………………… 64

　　　2.8.3　项目设计 ……………………………………………… 65

　　　2.8.4　项目实现 ……………………………………………… 66

　　　2.8.5　项目运行初始界面 …………………………………… 67

　2.9　课程设计9　课程安排计划——AOV ……………………… 68

　　　2.9.1　问题描述 ……………………………………………… 68

　　　2.9.2　需求分析 ……………………………………………… 68

　　　2.9.3　项目设计 ……………………………………………… 69

　　　2.9.4　项目实现 ……………………………………………… 71

　　　2.9.5　项目运行初始界面 …………………………………… 74

　2.10　课程设计10　机票预订管理系统 ………………………… 75

2.10.1 问题描述 ·· 75

2.10.2 需求分析 ·· 75

2.10.3 项目设计 ·· 76

2.10.4 项目实现 ·· 77

2.10.5 项目运行初始界面 ······························· 79

第 3 章　Code：：Blocks ···································· 80

3.1 安装 Code：：Blocks ·································· 80

3.1.1 下载 ·· 80

3.1.2 安装 ·· 80

3.2 Code：：Blocks 编程环境配置 ······················· 84

3.2.1 环境 ·· 85

3.2.2 编辑器 ·· 87

3.2.3 编译器 ·· 89

3.2.4 调试器 ·· 92

3.3 编写程序 ··· 92

3.3.1 创建一个工程 ······································ 93

3.3.2 添加和删除文件 ··································· 98

3.3.3 新建文件 ··· 99

3.3.4 编辑、保存文件 ··································· 101

3.4 编译程序 ·· 103

3.4.1 运行程序 ·· 104

3.4.2 调试程序 ·· 104

第1章

CHAPTER 1

基 础 实 验

1.1 线性表

本节要点

（1）顺序表和链表的概念。

（2）顺序表和链表的存储结构。

（3）顺序表和链表的操作实现。

学习目标

（1）理解顺序表和链表之间的区别和联系。

（2）掌握顺序存储结构和链式存储结构的数据类型定义方法。

（3）掌握顺序存储结构和链式存储结构的各种操作的实现。

（4）掌握如何使用线性表来解决相关的应用问题。

基本知识点

线性表按照存储结构不同分为顺序表和单链表。顺序表用一组地址连续的存储单元依次存放线性表中的数据元素，单链表是指用一组任意的存储单元存放线性表的元素，地址可以连续也可以不连续；顺序表可以随机存取，但是插入或者删除的时候需要移动大量元素，单链表只能顺序存取，但插入和删除时，不需要大量移动数据，表的容量不受限制。

实验 1　顺序表基本功能实现

1. 实验目的

（1）掌握顺序表的存储结构。

（2）验证顺序表及其基本操作的实现。

（3）理解算法与程序的关系，能够将顺序表算法转换为对应的程序。

2. 实验内容

（1）初始化顺序表。

（2）在顺序表的第 i 个位置插入元素。

（3）删除顺序表的第 i 个元素。

（4）输出顺序表。

（5）判断顺序表是否为空。

（6）判断顺序表是否为满。

（7）求顺序表第 i 个元素的值。

（8）查找值为 x 的元素。

3. 算法设计

用结构体来描述顺序表。在结构体的定义中，包含顺序表的长度、数组的定义以及表的最大容量 3 个属性。有时最大容量可以采用常量定义的形式。

结构体的定义如下：

```
typedef int dataType;
#define MAXSIZE 10000;
typedef struct{
dataType * elem;
 int length;
}
SqList;
```

应该实现顺序表的初始化、插入、删除、输出、判空、判满、求值及查找等操作。

```
void InitList(SqList &L);                    //初始化顺序表
void Insert(SqList &L, int i, dataType x );  //在顺序表第 i 个位置插入元素
void Delete(SqList &L, int i );              //删除顺序表的第 i 个元素
void Print(SqList &L);                       //输出顺序表
```

```
int Empty((SqList &L);              //判断顺序表是否为空
int Full(SqList &L);                //判断顺序表是否为满
int GetData(SqList &L,int i);       //求顺序表第 i 个元素的值
int Locate(SqList &L,dataType x);   //查找值为 x 的元素
```

4. 程序实现

程序主函数的实现代码如下,各函数的实现代码参考主教材。

```
# include < iostream >
# include < string. h >
using namespace std;
# define MAXSIZE 100
typedef struct{
dataType * elem;
int length;
}
SqList;
int main(int argc, char * argv[ ]) {
 SqList L;
  int a;
  int x;
printf("1 初始化顺序表\n");
printf("2. 在顺序表的第 i 个位置插入元素\n");
printf("3. 删除顺序表的第 i 个元素\n");
printf("4. 输出顺序表\n");
printf("5. 判断顺序表是否为空 \n");
printf("6. 判断顺序表是否为满 \n");
printf("7. 求顺序表第 i 个元素的值 \n");
printf("8. 查找值为 x 的元素 \n");
  while(1)
  {
     printf("输入你想要进行的操作序号: ");
     scanf(" % d",&a);
     switch(a)
     {
         case 1: InitList (&L);
case 2: Insert(SqList &L, i, x );break;
case 3: Delete(SqList &L, i );break;
case 4: Print(SqList &L);break;
case 5: Empty((SqList &L););break;
case 6: Full(SqList &L);break;
case 7: GetData(SqList &L, i); break;
case 8: Locate(SqList &L, x); break;
         default: printf("输入错误,重新输入:");break;
```

```
    }
    printf("是否要继续操作(Y/N)：");
    getchar();
    scanf("%c",&x);
    if(x!='Y') break;
}
return 0;
}
```

实验 2　链表基本功能的实现

1. 实验目的

（1）掌握线性表的链式存储结构。

（2）验证链表基本操作的实现。

（3）学会使用链表来解决各种实际问题。

2. 实验内容

（1）初始化链表。

（2）建立单链表。

（3）在链表的第 i 个位置插入元素。

（4）删除链表的第 i 个元素。

（5）输出链表。

（6）判断链表是否为空。

（7）求链表中第 i 个元素的值。

（8）查找值为 x 的元素。

（9）清空链表。

3. 算法设计

在链式存储中，结点的结构如下：

```
Typedef int dataType;
typedef struct Lnode
{
 dataType data;
 struct Lnode * next;
}Lnode, * Linklist;
```

为简单起见,本实验假定表的数据元素为 int 型。

定义一个指针 head,指向表头结点,实现链表的初始化、插入、删除、判空、求值、定位查找、按值查找、输出和清空链表等操作。

```
void InitList(SqList &L);                    //初始化单链表
void Creatlist(SqList &L, int n);            //建立单链表
void Insert(SqList &L, int i, dataType x );  //在单链表第 i 个位置插入元素
void Delete(SqList &L, int i );              //删除单链表的第 i 个元素
void Print(SqList &L);                       //输出单链表
int Empty((SqList &L);                       //判断链表是否为空
int GetData(SqList &L, int i)                //求链表中第 i 个元素的值
int Locate(SqList &L, dataType x);           //在链表中查找值为 x 的元素
void Clearlist(SqList &L);                   //清空链表
```

4. 程序实现

程序主函数的实现代码如下,各函数的实现代码参考主教材。

```
# include < iostream >
# include < string. h >
using namespace std;
Typedef int dataType;
 typedef struct Lnode
  {
  dataType data;
  struct Lnode * next;
}Lnode, * Linklist;

int main(int argc, char * argv[ ]) {
Linklist L;
int i;
int x;
int a;
printf("1.初始化单链表\n");
printf("2. 建立单链表\n");
printf("3. 在单链表第 i 个位置插入元素\n");
printf("4. 删除单链表的第 i 个元素\n");
printf("5. 输出单链表 \n");
printf("6. 判断链表是否为空 \n");
printf("7. 求链表中第 i 个元素的值 \n");
printf("8. 在链表中查找值为 x 的元素 \n");
printf("9. 清空链表 \n");
```

```
while(1)
{
    printf("输人你想要进行的操作序号：");
    scanf("%d",&a);
    switch(a)
    {
        case 1: InitList (&L);
        case 2: Creatlist(SqList &L, n);
        case 2: Insert(SqList &L, i, x );break;
        case 3: Delete(SqList &L, i );break;
        case 4: Print(SqList &L);break;
        case 5: Print(SqList &L);break;
        case 6: Empty((SqList &L););break;
        case 7: GetData(SqList &L, i); break;
        case 8: Locate(SqList &L, x); break;
        case 9: Clearlist(SqList &L);break;
        default: printf("输人错误,重新输人:");break;
    }
    printf("是否要继续操作(Y/N)：");
    getchar();
    scanf("%c",&x);
    if(x!= 'Y') break;
}
return 0;
}
```

1.2　栈和队列

本节要点

（1）栈和队列的概念。

（2）栈和队列的存储结构。

（3）栈和队列的操作实现。

学习目标

（1）理解栈和队列的概念、联系和差别。

（2）掌握栈和队列的顺序存储结构和链式存储结构的数据类型定义方法。

（3）掌握顺序存储结构和链式存储结构的各种操作的实现。

（4）掌握如何使用栈和队列来解决相关的应用问题。

 基本知识点

在线性结构中，栈和队列非常重要。尽管栈和队列都是特殊的线性表，但它们的操作都是受限的。具体来说，栈的操作是"后进先出"，而队列的操作则是"先进先出"。因此，它们都是操作受限的线性表。从抽象数据类型的角度看，它们处理各自元素的方法有很大差别。

实验3　栈和队列的基本功能实现（1）
——栈的顺序表示和实现

1. 实验目的

（1）掌握顺序栈的存储结构。
（2）验证顺序栈及其基本操作的实现。
（3）理解算法与程序的关系，能够将顺序栈算法转换为对应的程序。

2. 实验内容

（1）初始化顺序栈。
（2）取出栈顶元素。
（3）出栈。
（4）入栈。

3. 算法设计

用结构体来描述顺序栈，结构体的定义中包含栈顶指针、栈底指针和顺序栈的长度。结构体的定义如下：

```
typedef char SElemType;
typedef struct
{
    SElemType * base;              //栈底指针
    SElemType * top;               //栈顶指针
    int stacksize;                 //栈可用的最大容量
} SqStack;
```

实现顺序表的初始化、取栈顶元素、入栈、出栈等操作。

(1) InitStack(SqStack &S)。

(2) GetTop(SqStack S，SElemType &e)。

(3) Push(SqStack &S，SElemType e)。

(4) Pop(SqStack &S，SElemType &e)。

4. 程序实现

程序主函数代码如下：

```cpp
//顺序栈的实现
# include < iostream >
# include < fstream >
using namespace std;
//顺序栈的定义
# define OK 1
# define ERROR 0
# define OVERFLOW - 2
# define MAXSIZE 100
typedef int Status;
typedef char SElemType;
typedef struct{
 SElemType * base;                      //栈底指针
 SElemType * top;                       //栈顶指针
int stacksize;                          //栈可用的最大容量
 }SqStack;
//主函数
int main()
{
    SqStack s;
    int choose, flag = 0;
    SElemType j,t;
    cout <<"1. 初始化\n";
    cout <<"2. 入栈\n";
    cout <<"3. 读取栈顶元素\n";
    cout <<"4. 出栈\n";
    cout <<"0. 退出\n";
    choose = - 1;
    while(choose!= 0)
    {
        cout <<"请选择: ";
        cin >> choose;
        switch(choose)
        {
```

```
case 1:
    if(InitStack(s))
    {
        flag = 1;
        cout <<"成功对栈初始化\n\n";
    }
    else
        cout <<"初始化栈失败\n\n";
    break;
case 2:
{
    fstream file;
    file.open("SqStack.txt");
    if(!file)
    {
        cout <<"错误!未找到文件!"<< endl << endl;
        exit(ERROR);
    }
    if(flag)
    {
        flag = 1;
        cout <<"进栈元素依次为: \n";
        while(!file.eof())
        {
            file >> j;
            if(file.fail())
                break;
            else
            {
                Push(s,j);
                cout << j <<" ";
            }
        }
        cout << endl << endl;
    }
    else
        cout <<"栈未建立,请重新选择\n\n";
    file.close();
}
break;
case 3:
    if(flag!= - 1&&flag!= 0)
        cout <<"栈顶元素为: \n"<< GetTop(s)<< endl << endl;
    else
```

```
            cout <<"栈中无元素,请重新输入\n"<< endl;
          break;
      case 4:
          cout <<"依次出栈的元素为: \n";
          while(Pop(s,t))
              cout << t <<" ";
          flag = - 1;
          cout << endl << endl;
          break;
      }
   }
   return 0;
}
```

实验 4 栈和队列的基本功能实现(2)
——栈的链式表示和实现

1. 实验目的

(1) 掌握链栈的存储结构。

(2) 验证链栈及其基本操作的实现。

(3) 理解算法与程序的关系,能够将链栈算法转换为对应的程序。

2. 实验内容

(1) 初始化链栈。

(2) 取出栈顶元素。

(3) 出栈。

(4) 入栈。

3. 算法设计

用结构体来描述链栈,结构体的定义中包含数据域和指针域。结构体的定义
如下:

```
typedef char SElemType;
typedef struct StackNode
{
   SElemType data;
   struct StackNode * next;
} StackNode, * LinkStack;
```

实现链栈的初始化、取栈顶元素、入栈、出栈等操作。

(1) InitStack(SqStack &S)。

(2) GetTop(SqStack S，SElemType &e)。

(3) Push(SqStack &S，SElemType e)。

(4) Pop(SqStack &S，SElemType &e)。

4. 程序实现

程序主函数代码如下：

```cpp
//链栈的实现
# include < iostream >
# include < fstream >
using namespace std;
# define OK 1
# define ERROR 0
# define OVERFLOW  - 2
# define MAXSIZE 100
typedef int Status;
typedef char SElemType;
typedef struct StackNode
{
    SElemType data;
    struct StackNode  * next;
} StackNode,  * LinkStack;
…
//主函数
int main( )
{
    LinkStack s;
    int choose, flag = 0;
    SElemType j,t;
    cout <<"1. 初始化\n";
    cout <<"2. 入栈\n";
    cout <<"3. 读取栈顶元素\n";
    cout <<"4. 出栈\n";
    cout <<"0. 退出\n";
    choose =  - 1;
    while(choose!= 0)
    {
        cout <<"请选择: ";
        cin >> choose;
        switch(choose)
```

```
{
case 1:
    if(InitStack(s))
    {
        flag = 1;
        cout <<"成功对栈初始化\n\n";
    }
    else
        cout <<"初始化栈失败\n\n";
    break;
case 2:
{
    fstream file;
    file.open("SqStack.txt");
    if(!filc)
    {
        cout <<"错误!未找到文件!"<< endl << endl;
        exit(ERROR);
    }
    if(flag)
    {
        flag = 1;
        cout <<"进栈元素依次为: \n";
        while(!file.eof())
        {
            file >> j;
            if(file.fail())
                break;
            else
            {
                Push(s,j);
                cout << j <<" ";
            }
        }
        cout << endl << endl;
    }
    else
        cout <<"栈未建立,请重新选择\n\n";
    file.close();
}
break;
case 3:
    if(flag!= - 1&&flag!= 0)
        cout <<"栈顶元素为: \n"<< GetTop(s)<< endl << endl;
```

```
        else
            cout <<"栈中无元素,请重新输入\n"<< endl;
        break;
    case 4:
        cout <<"依次出栈的元素为: \n";
        while(Pop(s,t))
            cout << t <<" ";
        flag = − 1;
        cout << endl << endl;
        break;
    }
}
return 0;
}
```

实验5 栈和队列的基本功能实现(3)
——队列的链式表示和存储

1. 实验目的

(1) 掌握链队的存储结构。

(2) 验证链队及其基本操作的实现。

(3) 理解算法与程序的关系,能够将链队算法转换为对应的程序。

2. 实验内容

(1) 初始化链队。

(2) 入队。

(3) 出队。

(4) 取出队头元素。

3. 算法设计

用结构体来描述链队。第一个结构体定义了链队中的结点元素,包含数据域和指针域;第二个结构体定义了整个链队,包含队头指针和队尾指针。结构体的定义如下:

```
typedef char QElemType;
typedef char SElemType;
//链队的链式存储
```

```
typedef struct QNode
{
    QElemType data;
    struct QNode * next;
}
QNode, * QueuePtr;
typedef struct
{
    QueuePtr front;
    QueuePtr rear;
}
LinkQueue;
```

应该实现链队的初始化、入队、出队、取队头元素等操作。

```
InitQueue(LinkQueue &Q);
EnQueue(LinkQueue &Q, QElemType e);
DeQueue(LinkQueue &Q, QElemType &e);
GetHead(LinkQueue Q);
```

4. 程序实现

程序主函数实现代码如下：

```
//链队的实现
# include < iostream >
# include < fstream >
using namespace std;
# define OK 1
# define ERROR 0
# define OVERFLOW - 2
typedef int Status;
typedef char QElemType;
typedef char SElemType;
//链队的链式存储
typedef struct QNode
{
    QElemType data;
    struct QNode * next;
} QNode, * QueuePtr;
typedef struct
{
    QueuePtr front;
    QueuePtr rear;
} LinkQueue;
```

```
…
//主函数
int main()
{
    int choose, flag = 0;
    LinkQueue Q;
    QElemType j,e;
    cout <<"1. 初始化\n";
    cout <<"2. 入队\n";
    cout <<"3. 读取队头元素\n";
    cout <<"4. 出队\n";
    cout <<"0. 退出\n";
    choose = -1;
    while(choose!= 0)
    {
        cout <<"请选择: ";
        cin >> choose;
        switch(choose)
        {
        case 1:
            if(InitQueue(Q))
            {
                flag = 1;
                cout <<"成功对队列初始化\n\n";
            }
            else
                cout <<"初始化队列失败\n\n";
            break;
        case 2:
        {
            fstream file;
            file.open("QNode.txt");
            if(!file)
            {
                cout <<"错误!未找到文件!\n\n";
                exit(ERROR);
            }
            if(flag)
            {
                flag = 1;
                cout <<"入队元素依次为: \n";
                while(!file.eof())
                {
                    file >> j;
```

```
                    if(file.fail())
                        break;
                    else
                    {
                        EnQueue(Q,j);
                        cout << j <<" ";
                    }
                }
                cout << endl << endl;
            }
            else
                cout <<"队列未建立,请重新选择\n\n";
            file.close();
        }
        break;
        case 3:
            if(flag!= -1&&flag!= 0)
                cout <<"队头元素为: \n"<< GetHead(Q)<< endl << endl;
            else
                cout <<"队列中无元素,请重新选择\n"<< endl;
            break;
        case 4:
            cout <<"依次弹出队列元素为: \n";
            while(DeQueue(Q,e))
            {
                flag = -1;
                cout << e <<" ";
            }
            cout << endl << endl;
            break;
        }
    }
    return 0;
}
```

实验 6　栈和队列的基本功能实现(4)
——队列的顺序表示和实现

1. 实验目的

(1)掌握顺序队列的存储结构。
(2)验证顺序队列及其基本操作的实现。

（3）理解算法与程序的关系，能够将顺序队列算法转换为对应的程序。

2. 实验内容

（1）初始化顺序队列。

（2）入队。

（3）出队。

（4）取出队头元素。

3. 算法设计

用结构体来描述顺序队列。结构体中包含数组首地址的指针、队头游标和队尾游标。结构体的定义如下：

```
#define MAXQSIZE 100
typedef struct{
  QElemType * base;
  int front;
  int rear;
  }SqQueue;
```

实现顺序队列的初始化、取队头元素、入队、出队等操作。

```
InitStack(SqStack &S);
GetTop(SqStack S, SElemType &e);
Push(SqStack &S, SElemType e);
Pop(SqStack &S, SElemType &e);
```

4. 程序实现

程序主函数实现代码如下：

```
//循环队列
#include<iostream>
#include<fstream>
using namespace std;
#define OK 1
#define ERROR 0
#define OVERFLOW -2
#define MAXQSIZE 100
typedef char QElemType;
typedef int Status;
typedef char SElemType;
typedef struct
```

```
    {
        QElemType * base;
        int front;
        int rear;
    }
SqQueue;
…
//主函数
int main()
{
    int choose, flag = 0;
    SqQueue Q;
    QElemType e, j;
    cout <<"1.初始化\n";
    cout <<"2.入队\n";
    cout <<"3.读队头元素\n";
    cout <<"4.出队\n";
    cout <<"0.退出\n";
    choose = - 1;
    while(choose!= 0)
    {
        cout <<"请选择: ";
        cin >> choose;
        switch(choose)
        {
        case 1:
            if(InitQueue(Q))
            {
                flag = 1;
                cout <<"初始化队列成功\n\n";
            }
            else
                cout <<" 初始化队列失败\n\n";
            break;
        case 2:
        {
            fstream file;
            file.open("QNode.txt");
            if(!file)
            {
                cout <<"错误!未找到文件!\n\n\n";
                exit(ERROR);
            }
            if (flag)
            {
                flag = 1;
```

```
                cout << "入队的元素依次为: \n";
                while (!file.eof())
                {
                    file >> j;
                    if (file.fail())
                        break;
                    else
                    {
                        EnQueue(Q, j);
                        cout << j << " ";
                    }
                }
                cout << endl << endl;
            }
            else
                cout <<"队列未建立,请重新选择\n\n";
            file.close();
        }
        break;
        case 3:
            if(flag!= -1&&flag!= 0)
                cout <<"队头元素为: \n"<< GetHead(Q)<< endl << endl;
            else
                cout <<"队列中无元素,请重新选择: \n";
            break;
        case 4:
            cout <<"依次弹出队列元素为: \n";
            while(DeQueue(Q,e))
            {
                flag = -1;
                cout << e <<" ";
            }
            cout << endl << endl;
            break;
        }
    }
    return 0;
}
```

实验7 栈的应用——数制转换

1. 实验目的

(1) 掌握栈的顺序存储结构,帮助学生掌握栈操作的程序设计方法。

(2)重点掌握如何使用栈来解决相关的应用问题。

2. 实验内容

(1)用顺序栈的基本操作,实现数值的十进制和二进制转换。

(2)(选做)用顺序栈的基本操作,实现数值的十进制和十六进制转换。

(3)(选做)用链栈的基本操作,实现数值的十进制和二进制转换。

3. 算法设计

顺序栈的定义:

```
typedef int SElemType;
typedef struct
{
    SElemType * base;                    //栈底指针
    SElemType * top;                     //栈顶指针
    int stacksize;                       //栈可用的最大容量
} SqStack;
```

用到的栈基本操作有栈的初始化、出栈、入栈。

```
InitStack(SqStack &S);
Pop(SqStack &S, SElemType &e);
Push(SqStack &S, SElemType e);
```

4. 程序实现

程序主函数实现代码如下:

```
//顺序栈的实现
# include < iostream >
# include < fstream >
using namespace std;
//顺序栈的定义
# define OK 1
# define ERROR 0
# define OVERFLOW - 2
# define MAXSIZE 100
typedef int Status;
typedef int SElemType;
typedef struct
{
    SElemType * base;                    //栈底指针
```

```
        SElemType * top;                            //栈顶指针
        int stacksize;                              //栈可用的最大容量
} SqStack;
...
//主函数
int main()
{
    SqStack s;
    int n,k;
    if (!InitStack(s)) cout <<"空间分配失败"<< endl;
    cout <<"要转换的十进制数为: ";
    cin >> n;
    while(n)
    {
        Push(s,n%2);
        n = n/2;
    }
    cout <<"对应的二进制数为: ";
    while (Pop(s,k))
        cout << k <<" ";
    return 0;
}
```

1.3 树

 本节要点

（1）树和二叉树的概念。

（2）二叉树的顺序存储和二叉链表的存储结构。

（3）二叉树的遍历及其基本操作实现。

（4）线索二叉树的概念及实现。

（5）树、森林与二叉树之间的转化。

（6）哈夫曼树的概念、构造。

（7）哈夫曼编码的实现。

学习目标

（1）理解树和二叉树的定义及相关术语。

（2）掌握二叉树顺序存储结构、二叉链表存储结构的数据类型定义方法。

（3）掌握二叉树的遍历及其他基本操作的实现。

（4）理解二叉树的线索化过程。

（5）掌握树、森林与二叉树之间的转化。

（6）掌握哈夫曼树的构造和哈夫曼编码的实现。

（7）掌握如何使用二叉树来解决相关的应用问题。

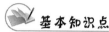 基本知识点

树是一种表示数据元素之间一对多层次关系的数据结构。二叉树是一种特殊的有序树，二叉树可以采用顺序存储和链式存储结构实现结点的存储。二叉树的遍历是各种操作和运算的基础，常见的遍历有先序、中序、后序、层次遍历，可以对二叉树进行线索化，在线索化的二叉树中易于实现结点的前驱和后继的查找，可以利用二叉链表作为媒介导出树、森林与二叉树之间的一一对应和转换关系，将树和森林的运算操作采用二叉树实现。哈夫曼树是带权路径最短的树，利用哈夫曼树可以实现最优前缀编码——哈夫曼编码。

实验 8　二叉树的应用

1. 实验目的

（1）掌握二叉树的二叉链表存储结构。

（2）验证二叉树遍历算法及其基本操作的实现。

（3）理解算法与程序的关系，能够将二叉树的算法转换为对应的程序。

（4）学会使用二叉树来解决各种实际问题，掌握利用二叉树求解表达式值的方法。

2. 实验内容

（1）定义二叉树的结点结构。

（2）创建表达式二叉树。

（3）先序遍历表达式二叉树得到表达式的前缀表示。

（4）中序遍历表达式二叉树得到表达式的中缀表示。

（5）后序遍历表达式二叉树得到表达式的后缀表示。

（6）计算表达式的值。

3. 算法设计

（1）输入中缀表达式（数字或字符）如 $12+3*(15/2+7))-2$，采用字符数组存储表达式字符串，表达式由多个操作数和不同的运算符构成，每个操作数可能是多位数，存在小数，因此，采用字符数组存储表达式中每一个操作数的数字字符和运算符。表达式的存储结构定义为：

```
#define MAXSIZE 100            //表达式字符串最大值
#define N 10                   //表达式项的最大长度
char expression[MAXSIZE];      //存储表达式字符串
char str[MAXSIZE][N];          //存储表达式操作数、运算符
int expstart,expend;           //表达式开始、结束位置
```

（2）表达式采用二叉树存储，操作数为叶子结点，运算符为非终端结点。在二叉链表的存储中，结点的结构定义如下：

```
typedef char ElemType;
typedef struct BiTNode
{//二叉树结点存储结构
    ElemType data[N];          //结点的数据域，存储表达式的操作数、运算符
    BiTNode * lchild, * rchild;
} BiTNode;
```

（3）定义一个指针 BT，指向二叉树的根结点，实现二叉树的创建，先序、中序、后序遍历及计算表达式结果，指针 BT 定义如下：

```
BiTNode * BT;
```

实现表达式的输入，表达式外层括号的判定，获取优先级最低的操作符在表达式中的位置，构建表达式二叉树，遍历二叉树，计算表达式的值等操作。

```
void Init();                   //初始化，输入表达式 expression 并将每
                               //个操作数或运算符存入字符数组 str 中
bool Judge(char ( * str)[N],int expstart,int expend)
//判断当前表达式是否需要消除最外层的括号
int GetOprt(char ( * str)[M],int expstart,int expend);
//取得当前表达式中优先级最低的操作符在表达式 expression 中的位置
BiTNode * CreateBT(char ( * str)[M],int expstart,int expend);
//根据表达式运算符的优先级，从低到高以先序递归的方式构建表达式二叉树
void PreOrderBT(BiTNode * BT);     //先序遍历表达式二叉树
void InOrderBT(BiTNode * BT);      //中序遍历表达式二叉树
void PostOrderBT(BiTNode * BT);    //后序遍历表达式二叉树
double StrToDigital(char str[]);
```

//把以字符形式存储的二叉树叶结点中的数字转换成浮点型
double CalulateValue(BiTNode* BT)//求整个表达式的结果

4. 程序实现

程序主函数的实现代码如下：

```cpp
//二叉树的应用 - 表达式求值
# include < iostream >
# include < fstream >
# include < math. h >
# include < string. h >
using namespace std;
# define MAXSIZE 100              //表达式字符串最大值
# define N 10                     //表达式项的最大长度
char expression[MAXSIZE ];        //存储表达式字符串
char str[MAXSIZE][N];             //存储表达式操作数、运算符
int expstart, expend;             //表达式开始、结束位置
typedef char ElemType;
typedef struct BiTNode
{
    //二叉树结点存储结构
    ElemType data[N];             //结点的数据域,存储表达式的操作数、运算符
    BiTNode* lchild, * rchild;
} BiTNode;
…
//主函数
int main()
{
    BiTNode * BT = NULL;
    double result;
    char c;
    bool removable;
    do
    {
        Init();
        removable = Judge(str, expstart, expend);
        if(removable)
            BT = CreateBT(str, expstart + 1, expend - 1);
        else
            BT = CreateBT(str, expstart, expend);
        cout <<"\n\n 先序遍历表达式二叉树得到表达式的前缀表示: ";
        PreOrderBT(BT);             //先序遍历
        cout <<"\n\n 中序遍历表达式二叉树得到表达式的中缀表示: ";
        InOrderBT(BT);              //中序遍历
```

```
    cout <<"\n\n 后序遍历表达式二叉树得到表达式的后缀表示: ";
    PostOrderBT(BT);                //后序遍历
    cout <<"\n\n";
    cout <<"\n 表达式运算结果: ";
    result = CalulateValue(BT);     //计算表达式的结果
    cout << expression <<" = "<< result;
    cout <<"\n\n 需要继续求值吗(y|Y or n|N)?";
    c = getchar();
    getchar();
    }
    while(c == 'y'||c == 'Y');
    return 0;
}
```

1.4 图

本节要点

（1）图的定义与基本术语。

（2）图的存储结构。

（3）图的遍历算法。

（4）图的应用。

学习目标

（1）了解图的定义及表示方式。

（2）掌握图的存储结构及遍历算法。

（3）掌握图的应用。

基本知识点

图按照存储结构不同分为邻接矩阵表示法和邻接表表示法。邻接矩阵表示法使用一个一维数组存储图的顶点信息，用二维矩阵存储图中顶点之间的关系。邻接表表示法使用链式存储结构，对图中每个顶点建立一个单链表，单链表中的结点表示依附于该顶点的边。基于不同存储方式，将图的信息存储下来，然后实现图的深度遍历和广度遍历算法，根据不同需求实现图的最小生成树并计算最短路径。

实验 9　图的应用

1. 实验目的

（1）掌握图的存储结构。

（2）掌握图的基本操作及实现。

（3）理解图的遍历和求解最短路径算法。

2. 实验内容

（1）图的创建。

（2）图的基本操作。

（3）实现图的深度遍历和广度遍历。

（4）实现 Dijkstra 算法计算任意两点之间的最短路径。

3. 算法设计

（1）图的初始化：利用邻接矩阵或邻接表方式创建并存储图中顶点和边的基本信息，并在此基础上完成图的基本操作。

（2）图的遍历：从图中某一顶点出发，对图中所有顶点访问一次且仅访问一次。采用带权的邻接矩阵存储结构进行存储，所以需要针对这一存储结构对路线进行遍历操作。

（3）求最短路径：基于邻接矩阵结构存储的图结构，因而采用适合该存储结构的 Dijkstra 算法来解决求最短路径的问题。

实现图的创建、存储、遍历等操作的函数包括：

```
Status CreateUDN(MGraph &G);            //利用邻接矩阵构造无向网 G
void UDN_Traverse(MGraph &G);           //无向网遍历
void MiniSpanTree_PRIM(MGraph G);       //Prim 算法查找最小生成树
void MiniSpanTree_KRUSKAL(MGraph G);    //Kruskal 算法查找最小生成树
EdgeNode *getEdgeLink(MGraph G);        //返回边结点
int LocateVex(MGraph G, VertexType e);
//找到顶点在邻接矩阵中对应位置的下标
void UDN_Traverse(MGraph &G);           //遍历无向图
void DFS(MGraph G, int i);
void DFSTraverse(MGraph G);             //深度遍历
void BFSTraverse(MGraph G);             //广度遍历
void ShortestPath_DIJ(MGraph G, int v0, PathMatrix P, ShortPathTable D);
                                        //Dijkstra 算法实现
```

4．程序实现

程序主函数、主菜单的实现代码如下：

```
/*
 * 程序入口
 */
# include < iostream >
# include "def. h"
# include "Menu. h"
# include "MGraph. h"
using namespace std;
CMenuBase * entry;
…
//主函数
int main()
{
    entry = new CMenuBase;
    int NO;
    while(entry)
    {
        entry = new CMenuBase;
        //显示菜单驱动程序
        entry -> ToDo();
    }
    return 0;
}
```

1.5　查找和排序

本节要点

（1）静态查找表的概念和顺序查找、折半查找。

（2）动态查找表的概念和二叉排序树、平衡二叉树。

（3）哈希函数的构造。

（4）排序方法的分类。

（5）各种排序的方法、过程和实现算法。

（6）应用排序方法解决实际问题。

学习目标

（1）理解各种查找算法的适用范围,掌握计算平均查找长度的方法。

（2）掌握折半查找的递归和非递归算法实现。

（3）掌握使用哈希函数计算元素的存储地址的方法。

（4）掌握平衡二叉树的构造方法。

（5）了解排序在数据处理中的重要性、外部排序的概念、排序方法的分类；了解树状选择排序的基本思想。

（6）理解内部排序中插入排序、选择排序、堆排序、归并排序的基本思想；了解各种排序方法的性能，包括方法的稳定性、时间效率和空间效率等。

（7）掌握各种排序的方法、过程和实现算法。

（8）能根据实际问题的要求，综合运用各种数据结构、选择合适的查找与排序方法解决实际问题。

 基本知识点

根据查找过程中元素是否会变动，查找表可以分为静态查找表和动态查找表；如果元素无序，那么只能使用顺序查找，它的时间复杂度是 $O(n)$，通过设置岗哨可以提高查找效率；如果元素有序，那么可以使用折半查找，它的时间复杂度是 $O(\log_2 n)$，根据折半查找过程中比较的元素顺序构造结点，可以得到一棵判定树；考虑到排序也需花费一些时间，当数据经常变动时，可能更适合使用分块查找。二叉排序树属于动态查找表，同一批元素的不同插入顺序会生成不同形态的二叉排序树，由于查找效率和树的深度有关（最好情况下能达到 $\log_2 n$），因此引入平衡二叉树的概念。哈希表的构造和以上的查找表思路都不一样，在没有同义词的前提下，元素的存放位置是由元素的值"算"出来而不是"找"出来的。

常见的内部排序有插入排序、交换排序、选择排序和归并排序。直接插入排序和折半插入排序的时间复杂度为 $O(n^2)$，当记录数较小或已基本有序时直接插入排序效率较高；相对直接插入排序来说，折半插入排序仅仅是提高了查找插入位置的效率。希尔排序试图将待排序序列变成"基本有序"，然后再用直接插入排序来完成最后的排序工作。希尔排序中最好增量序列的确定涉及一些数学上尚未解决的难题。交换排序包括冒泡排序和快速排序，它是借助交换进行排序的方法。冒泡排序是基于相邻两记录关键字间的比较与交换完成的，其时间复杂度为 $O(n^2)$，是一种稳定的排序方法。快速排序是基于不相邻记录间关键字的比较与交换完成的，是一个递归过程，每执行一次这个过程就把当前区间的所有元素按基准元素划分为前后两个子区间，其中一个子区间的关键字均比另一子区间的关键字小，当一个子区间的元素个数大于或等于 2 时继续向下递归，以达到整个序列有序。选择排序主要包括简单选择排序和堆排序，其基本思想是：每一趟在 n

—$i+1(i=1,2,\cdots,n-1)$个记录中选取关键字最小(或最大)的记录作为有序序列中的第i个记录。简单选择排序首先在未排序的序列中找到最小关键字的记录与第1个记录交换,其时间复杂度为$O(n^2)$。堆排序是利用堆来选取待排序的记录中关键字的极值,其过程包括建立初始堆和利用堆排序两个阶段。归并排序是不断地将两个(或多个)有序表合并成一个有序表的归并过程。归并排序的运行时间并不依赖于待排序记录的原始顺序,从而避免了快速排序的最差情况。

实验 10　排序算法的应用

1. 实验目的

掌握直接插入排序、希尔排序、快速排序算法的设计思想及实现方法。

2. 实验内容

(1) 设 n 个学生数据信息(学号、姓名及多门课程的成绩等)已存放在一个文件中,以顺序表作为排序表,从文件中读取所有学生数据信息创建待排序表。同时完成如下内容:

① 采用希尔排序,将排序表按学号排序并显示排序结果。

② 重新读取数据,创建数据表。采用直接插入排序方法,按姓名以递增的方式创建一个索引表,显示排序结果并存入相应的文件中。

③ 利用快速排序思想,从所有的学生数据中求解出总成绩为第 k 高的学生信息并显示。

(2) 针对实验,编写相应的测试程序,选取适当的测试数据,通过运行结果验证算法和程序设计的正确性,进一步验证排序方法的稳定性,并分析、比较不同排序算法的效率。

3. 算法设计

学生的数据信息存储在文件 studata2. txt 中,且第一个数据为学生数。文件中数据的内容形式如下:

```
23
14  范蕊   70 73
20  唐帅   91 82
4   王昊   85  64
13  杨明   63  71
1   井子玄   76  85
```

```
18    张三    86    60
8     巩佳睿   81    78
21    袁鹏宇   73    65
9     张三    73    72
10    许春晓   84    62
...
```

学生数据定义为结构体：

```
typedef struct
{
int num;
char name[13];
int sc[2];                        //两门课的成绩
int total;                        //总成绩
} stuType;                        //学生类型


typedef struct
{
int addr;                         //在数据表中的地址(序号)
char name[13];
} nameIndexType;                  //姓名索引项类型
//显示姓名索引表 R 中的数据信息
```

实现学生查找表的建立、学生信息的显示、按学号进行希尔排序、按姓名进行直接插入索引排序、按总成绩快速排序（递减）、按姓名进行直接插入索引排序。

```
//创建查找表：从文件中读取学生数据存于 stus 中,返回学生数
int creatTable(stuType stus[])
//显示一个学生数据 stu 的信息
void showStuInfo(stuType stu)
//显示学生信息表
void showTable(stuType stus[], int n)
//按学号的一趟希尔排序
void shellPassByNum(stuType stus[], int n, int d)
//按学号的希尔排序
void shellSortByNum(stuType stus[], int n)
void showIndexTable(nameIndexType R[], int n)
//按姓名的直接插入索引排序,并将结果输出到文件并显示
void insertSort_NameIndex(stuType stus[], int n)
//按总成绩进行一趟快速排序(递减)
int partition(stuType stus[], int low, int high)
//利用 partition,在学生信息表 stus[1..n]中查找第 k 高的成绩
int KthLarge(stuType stus[], int n, int k)
```

4. 程序实现

```
#include <stdio.h>
#include <stdlib.h>
#include <string.h>
…
//主函数
int main()
{
stuType stus[MAX];
int n;
//创建并显示学生信息表
n = creatTable(stus);
showTable(stus, n);
system("pause");
//按学号进行希尔排序,并显示
shellSortByNum(stus, n);
system("cls");
showTable(stus, n);
system("pause");
//重新读取数据创建学生信息表 stus[1..n],按姓名建立索引表;显示并输出到文件中
n = creatTable(stus);
insertSort_NameIndex(stus, n);
system("pause");
//循环测试:利用快速排序方法,查找第 k 大的值
int k = 1, loc;
while(k!= 0)
{   system("cls");
    printf("查找第 k 高的成绩,输入 k(0 结束查找): ");
    scanf("%d", &k);
    if(k == 0)break;
    if(k < 0||k > n)
    {   printf("第 %d 高的成绩不存在!\n", k);
        system("pause");
        continue;
    }
    loc = KthLarge(stus, n, k);
    printf("第 %d 高成绩的学生信息: \n", k);
    showStuInfo(stus[loc]);            //输出第 k 高成绩的学生数据
    system("pause");
}
return 0;
}
```

实验 11　查找算法的应用

1. 实验目的

（1）掌握折半查找算法的思想，通过实现算法理解折半查找树的形态和结点个数有关，和具体元素取值无关。

（2）重点掌握二叉排序树的建立，明确二叉排序树的算法框架就是遍历二叉树的递归算法。

（3）了解应用哈希表解决实际应用问题的过程。

2. 实验内容

（1）实现折半查找算法。

① 分别用几组数据进行测试，分析成功和不成功时，关键字的位置有什么规律，由此理解折半查找树的形态和结点个数有关，和具体元素取值无关。

② 用递归形式实现折半查找算法。

（2）实现二叉排序树的建立和遍历。

① 建立二叉排序树，遍历输出检查是否正确。

② 以不同顺序输入同一个数据集合，验证中序遍历的序列是否相同。

③（选做）平衡二叉树的建立。

（3）用除留余数法建立哈希表：已知哈希表地址区间为 0~10，给定关键字序列（20，30，70，15，8，12，18，63，19）。哈希函数为 $H(k)=k\%11$，采用线性探测法处理冲突，试构造出该哈希表。

① 初始化哈希表存储空间。

② 设定哈希函数和冲突解决的方法。

③ 输入一组有同义词的数据，观察构造的哈希表。

3. 算法设计

（1）折半查找。

折半查找的重点在于元素位置的查找，因此以数组元素类型为整型的顺序表来描述查找表；数组最大容量采用常量定义，便于调试成功后修改。

查找表数据结构的定义：

```
#define MAXSIZE 10;
int a[MAXSIZE],key,pos;
//a 是查找表，key 是要找的关键字，pos 是关键字在查找表中的位置
```

应该实现查找表的建立、输出、折半查找等操作。

（2）二叉排序树。

二叉排序树的构造和遍历框架与二叉树非常相似，因此采用二叉链表来定义查找表。

查找表数据结构定义：

```
typedef struct ElemType{
int key;
}ElemType;
typedef struct BSTNode{
ElemType data;                   //结点数据域
BSTNode * lch, * rch;            //左右孩子指针
}BSTNode, * BSTree;
```

应该实现二叉排序树建立、查找和中序遍历等操作。

（3）哈希表的构造。

由于在哈希表中需要根据元素的值计算出存放位置，并且考虑到有同义词，因此查找表仍是顺序表形式，但是数组元素类型为结构体：data 域为整型，存放关键字；count 域为整型，存放查找次数。

查找表数据结构定义：

```
#define n 9;
  typedef struct{
  int data;
  int count;
  }datatype;
datatype a[n + 2],key,pos;
int conflict;              //全局变量,构造哈希表时存放一个关键字的冲突次数
//实现哈希表建立和查找等操作
int hash(datatype a[ ],int n1,int key)
//用 hash( )函数计算出记录所在位置
int rehash(datatype a[ ],int n1,int key)
```

若 hash( )函数计算出记录所在位置非空，则用线性再探测法寻找存储位置。存在需要探测数次才找到非空位置的可能，因此在 rehash( )函数内部要修改全局变量 conflict 的值，以记录找到此关键字经过了多少次查找。

4. 程序实现

（1）折半查找。

程序主函数实现代码如下：

```
int main()
{ int a[MAXSIZE],key,i,pos;
  cout <<"请输入数组的 5 个元素";
  for(i = 1;i < = 5;i++)
   cin >> a[i];
  cout <<"请输入要查找的关键字";
  cin >> key;
  pos = BSearch(a,5,key);
  if(pos == 0)
 cout <<"找不到此关键字"<< endl;
  else cout << key <<"在查找表第"<< pos <<"个位置";
  return 0;
}
```

（2）二叉排序树。

二叉排序树的建立和遍历函数实现的代码参考主教材。

调试成功后，不妨以不同顺序输入同一组数据并观察结果，验证得到的二叉排序树中序遍历序列是否相同。

程序主函数实现代码如下：

```
int main()
{   int key,result;
BSTree T;
cout <<"请输入若干整数,以 - 1 结束输入"<< endl;
CreateBST(T);
cout <<"当前有序二叉树中序遍历结果为"<< endl;
InOrderTraverse(T);
int key;                  //待查找或待删除内容
cout <<"请输入待查找关键字"<< endl;
cin >> key;
BSTree result = SearchBST(T,key);
if(result)
{cout <<"找到关键字"<< key << endl;}
else
{cout <<"未找到"<< key << endl;}
return 0;
}
```

（3）哈希表的构造。

程序主函数实现代码如下，哈希表的建立和输出函数实现的代码参考主教材。

```
int main()
{ datatype a[n + 2];
int i, pos1, pos2;
cout <<"请输入 9 个元素"<< endl;
for(i = 0; i < n + 2; i++)
 a[i]. count = 0;
for(i = 1; i < = n; i++)
{ cin >> key;
 conflict = 0;
 pos1 = hash(a, n + 2, key);
if(a[pos1]. count == 0)
   {a[pos1]. data = key; a[pos1]. count = 1; }
   else
     { pos2 = rehash(a, n + 2, key);
     a[pos2]. data = key; a[pos2]. count = conflict;
     }
   }
cout << "哈希表如下"<< endl;
for(i = 0; i < n + 2; i++)
   cout << i <<": "<< a[i]. data <<" "<< a[i]. count << endl;
}
}
```

第2章

CHAPTER 2

课 程 设 计

2.1 课程设计 1 考生报名管理系统

2.1.1 问题描述

在各类考试中,都需要对考生的报名信息数据进行管理。传统的纸质化的管理方式费时又费力,易出错误,对信息查询、修改、统计不方便。为此需要建立一个考生报名管理系统,实现信息化的管理。

2.1.2 需求分析

本项目是对考试报名管理的简单模拟,实质是实现对考生信息的新增、显示、查找、修改、删除、统计等功能。可以首先定义项目的数据结构,然后将每个功能写成一个函数来完成对数据的相关操作,最后完成主函数以验证各个函数功能并得出运行结果。项目中需要用菜单选择方式完成下列功能:

(1) 输入考生信息;

(2) 显示考生信息;

(3) 查找考生信息;

(4) 删除考生信息;

(5) 修改考生信息;

(6) 排序考生信息;

(7) 统计报考信息。

2.1.3　项目设计

本项目的数据是考生信息,每名考生信息由准考证号、姓名、性别、年龄、报考类别等信息组成,这组考生信息具有相同特性,属于同一数据对象,相邻数据元素之间存在序偶关系。由此可以看出,这些数据也具有线性表中数据元素的性质,所以该系统的数据可以采用线性表来存储。

顺序表适合做查找这样的静态操作;链表适合做插入、删除这样的动态操作。若线性表的长度变化不大,且其主要操作是查找,则采用顺序表;若线性表的长度变化较大,且其主要操作是插入、删除操作,则采用链表。考虑不同考试中考生人数的变化,本项目对考生数据采用链式存储结构存储比较适合。

用结构体类型定义每个考生信息:

```
typedef struct student
{
    int num;                //考号
    string name;            //姓名
    string sex;             //性别
    int age;                //年龄
    int type;               //报考类别
}
ElemType;
```

定义考生单链表:

```
typedef struct LNode        //定义单链表结点类型
{
    ElemType data;          //存放元素值
    struct LNode * next;    //指向后继结点
}
LNode, * LinkList;
```

实现考生单链表的初始化,完成考生数据的输入、显示、查找、删除、排序、统计操作及清空操作。

```
void InitList(LinkList L);     //初始化线性表
void AddList(LinkList L);      //输入信息
void DispList(LinkList L);     //输出信息
int LocateElem(LinkList L);    //查找信息
int ListDelete(LinkList L);    //删除信息
int UpdateList(LinkList L);    //修改信息
```

```
void SortList(LinkList L);        //排序信息
void SumList(LinkList L);         //统计信息
```

2.1.4 项目实现

程序主函数的实现代码如下,各个函数实现的代码参考主教材。

```
/* 考试报名管理系统 */
# include < iostream >
# include < iomanip >
# include < malloc. h >
# include < stdlib. h >
# include < stdio. h >
# include < string h >
# include < malloc. h >
# include < fstream >
using namespace std;
typedef struct student
{
    int num;                  //考号
    string name;              //姓名
    string sex;               //性别
    int age;                  //年龄
    int type;                 //报考类别
} ElemType;
typedef struct LNode          //定义单链表结点类型
{
    ElemType data;            //存放元素值
    struct LNode * next;      //指向后继结点
} LNode, * LinkList;
…

//主函数
int main()
{
    LinkList L;               //定义 LinkList L
    int choose;
    InitList(L);              //调用初始化线性表函数

    while(1)
    {
        menu();
        cout <<"请输入要操作的项目的编号:";
```

```
cin >> choose;
while(choose < 0 || choose > 10)
{
    cout <<"您选择的功能不存在,请重新输入已存在的功能 0~9。\n";
    cout <<"请重新输入要操作的项目的编号:\n";
    cout << choose;
}
switch(choose)
{
case 1:
{
    AddList(L);
    break;
}
case 2:
{
    DispList(L);
    break;
}
case 3:
{
    LocateElem(L);
    break;
}
case 4:
{
    ListDelete(L);
    break;
}
case 5:
{
    UpdateList(L);
    break;
}
case 6:
{
    SortList(L);
    break;
}
case 7:
{
    SumList(L);
    break;
}
```

```
        case 8:
        {
            DestroyList(L);
            break;
        }
        case 0:
        {
            cout <<"您已经成功退出计算机水平等级考试报名系统。\n";
            exit(0);
        }
        }
    }
    return 0;
}
```

2.1.5   项目运行初始界面

项目运行初始界面如图 2-1 所示。

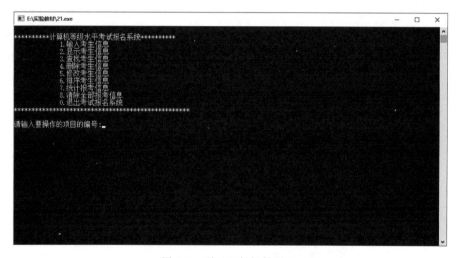

图 2-1   项目运行初始界面

2.2   课程设计 2   报数游戏

2.2.1   问题描述

n 个人围成一圈,第一个人从 1 开始报数,报 m 的人被淘汰出局离开,下一个

人接着从 1 开始报。如此反复,直到剩下一个人,求最后的胜利者。例如,只有 3
个人,分别是 A、B、C,他们围成一圈,从 A 开始报数,假设报 2 的人出局。首先 A
开始报数,A 报 1。然后轮到 B 报数,B 报 2,被淘汰出局离开。C 接着从 1 开始报
数,接着轮到 A 报数,此时 A 报 2,被淘汰出局离开,最终胜利者是 C,游戏结束。

2.2.2　需求分析

本游戏的数学建模如下:假设 n 个人排成一个环形,依次顺序编号 $1,2,\cdots,$
n。从某个指定的第 k 号开始,沿环计数,数到第 m 个人就让其淘汰出局离开,接
着从第 $m+1$ 个人开始从 1 计数,数到第 m 个人就让其淘汰出局离开,这个过程
一直进行到剩下 1 个人为止。

本游戏中需要用户输入以下信息:

(1) 参与游戏的人数,也就是 n 的值;

(2) 被淘汰的人的报数,也就是 m 的值;

(3) 初始报数的位置,也就是 k 的值。

本游戏要求输出的内容包括:

(1) 所有参与游戏的人的序号;

(2) 离开的人的序号;

(3) 剩余的人的序号,即输出胜利者。

2.2.3　项目设计

该报数游戏采用单循环链表作为线性存储结构。

```
/#define maxsize 100                    //参与游戏的最多人数
struct Node
{
    int no;                            //参与游戏的人的位置编号
    Node * next;
};
struct Josephring
{
    Node * head;
    int totalnum;
};
Josephring josephus;
```

需要实现的操作包括：

```
void CreateJosephus(Josephring &josephus,int n)  //创建 n 个结点的循环单链表
void show(Josephring &josephus)                   //输出链表
void Joseph(Josephring &josephus,int k,int m)     //从第 k 个人开始报数,数到 m 的人出列
```

2.2.4 项目实现

```cpp
#include<iostream>
#include<fstream>
using namespace std;
#define maxsize 100                            //参与游戏的最多人数
struct Node
{
    int no;                                    //参与游戏的人的位置编号
    Node * next;
};
struct Josephring
{
    Node * head;
    int totalnum;
};
Josephring josephus;
…
//主函数
int main()
{
    int n,m,k; //游戏的总人数n,k为从第几个人开始数,m为数到m的那个人被淘汰出列,m>1
    cout <<"报数游戏总人数 n 为: ";
    cin >> n;
    while(n > maxsize||n < 0)
    {
        cout <<"游戏人数超出范围,请重新输入: ";
        cin >> n;
        cout << endl;
    }
    cout << endl << endl;
    CreateJosephus(josephus,n);
    cout <<"报数起始的位置 k(0 < k < = n): ";
    cin >> k;
    while(k < 0||k > n)
    {
        cout <<"报数起始的位置 k 非法,请重新输入: ";
```

```
        cin >> k;
        cout << endl;
    }
    cout << endl << endl <<"淘汰的报数 m(0 < m < maxsize):";
    cin >> m;
    while(m < 0||m >= maxsize)
    {
        cout <<"淘汰的报数 m 非法,请重新输入: ";
        cin >> k;
        cout << endl;
    }
    cout << endl << endl;
    cout <<"参与游戏的人有: "<< endl << endl;
    show(josephus);
    cout << endl << endl << endl <<"被淘汰的人依次为: "<< endl << endl;
    Joseph(josephus,k,m);
    cout << endl << endl <<"最后的胜利者是: "<< josephus. head - > next - > no << endl <<
endl;
    return 0;
}
```

2.2.5　项目运行界面

项目运行界面如图 2-2 所示。

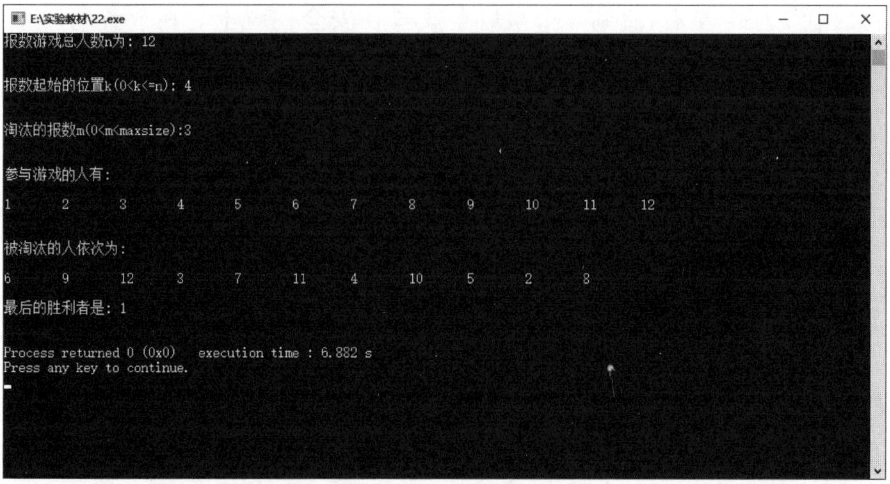

图 2-2　项目运行界面

2.3 课程设计 3 八皇后问题

2.3.1 问题描述

八皇后问题是 19 世纪著名的数学家高斯在 1850 年提出的,在 8×8 格的国际象棋棋盘上,安放 8 个皇后,要求没有一个皇后能够"吃掉"任何其他一个皇后,即任意两个皇后都不能处于同一行、同一列或同一条对角线上,求解有多少种摆法。

2.3.2 需求分析

八皇后在棋盘上分布的各种可能的格局数目非常大,约等于 2^{32} 种,但由于任意两个皇后不能同行,即每一行只能放置一个皇后,因此将第 i 个皇后放置在第 i 行上后,只要考虑它与前 $i-1$ 个皇后处于不同列和不同对角线位置上即可。因此可以将一些明显不满足问题要求的格局排除掉。

2.3.3 项目设计

解决该问题采用回溯法。首先将第一个皇后放于第一行第一列,然后依次在下一行放置下一个皇后,直到 8 个皇后全放置在安全位置上。在放置每一个皇后时,都依次对每一列进行检测,首先检测第一列是否与已放置的皇后冲突,如不冲突,则将皇后放置在该列,否则,选择该行的下一列进行检测。如整行的 8 列都冲突,则回到上一行,重新选择位置,以此类推。

通过前面分析,我们知道在对 8 个皇后的位置进行试探的过程中,可能遇到在某一行上的所有位置都不安全的情况,这时就要退回到上一行,重新摆放上一行放置的皇后。为了能够为上一行的皇后继续寻找下一个安全位置,就必须记得该皇后目前所在的位置,即需要一种数据结构来保存从第一行开始的每一行上的皇后所在的位置。在放置进行不下去时,已经放置的皇后中后放置的皇后位置先被纠正,先放置的皇后后被纠正,与栈的"后进先出,先进后出"一致,故在该问题求解的程序中可以采用栈这种数据结构。在 8 个皇后都放置在安全位置时,栈中保存的数据就是 8 个皇后在 8 行上的列位置。

用二维数组表示 8×8 格的国际象棋棋盘。栈用顺序栈实现,定义为一个一维数组,栈顶指针为 top,数据结构的定义如下:

```
#define N 8                              /*最多摆放8个皇后*/
int queen[N][N] = {0};                   /*定义8*8的棋盘*/
int count = 0;                           /*不同摆法的计数器*/
int top = -1;                            /*栈顶指针*/
int stack[N];                            /*顺序栈存储皇后位置*/
```

应该实现栈的初始化、入栈、出栈、进行摆放、判断皇后位置的合法性、输出合法的摆放结果等操作。

```
void IniSeqStack();                      //初始化顺序栈
void Push(int x);                        //入栈
void Pop();                              //出栈
void Queen(int row);                     //从 row 行开始递归地摆放皇后
bool Judgement();                        //判断皇后摆放位置的合法性
void Output();                           //输出棋盘
```

2.3.4 项目实现

```
/*八皇后问题*/
#include <iostream>
#include <cmath>
using namespace std;
#define N 8                              /*最多摆放8个皇后*/
int queen[N][N] = {0};                   /*8*8的棋盘*/
int count = 0;                           /*不同摆法的计数器*/
int top = -1;                            /*栈顶指针*/
int stack[N];                            /*顺序栈存储皇后位置*/
…
//主函数
int main()
{
    cout <<"*************** 八皇后问题 ***************"<< endl;
    Queen(0);                            //从下标为 0 的第一行开始
    cout << endl <<"一共有"<< count <<"种不同的摆法。"<< endl;
    return 0;
}
```

2.3.5 项目运行界面

八皇后问题项目运行界面如图 2-3 和图 2-4 所示。

图 2-3　八皇后问题项目运行界面(一)

图 2-4　八皇后问题项目运行界面(二)

2.4　课程设计 4　停车场管理系统

2.4.1　问题描述

设停车场是一个可停放 n 辆汽车的狭长通道,且只有一个门可供出入。汽车在停车场内按车辆到达时间的先后顺序,依次由北向南排列(门在最南端,最先到达的第一辆车停放在车场的最北端),若车场内已停满 n 辆汽车,则后来的汽车只能在门外的便道上等候,一旦有车开走,则排在便道上的第一辆汽车即可开入;当停车场内某辆车要离开时，在它之后进入的车辆必须先退出车场为它让路，待该辆车开出大门外，其他车辆再按原顺序进入车场，每辆停放在车场的车在它离开停车场时必须按它停留的时间长短交纳费用。

2.4.2　需求分析

（1）根据车辆到达停车场到车辆离开停车场时所停留的时间进行计时收费。

（2）当有车辆从停车场离开时，等待的车辆按顺序进入停车场停放。实现停车场的调度功能。

（3）用顺序栈来表示停车场，链队表示停车场外的便道。

（4）显示停车场信息和便道信息。

（5）程序执行的命令为：

① 车辆进入停车场。

② 车辆离开停车场。

③ 显示停车场的信息。以栈 S 作为停车场，栈 S1 作为让路的临时停车点，队列 Q 作为车等待时用的便道。stack[Max＋1]作为停车场能够容纳的车辆数，num[10]作为车所在位置的编号，并且限定停车场最多能够容纳 10 辆车。

（6）用户根据系统所规定并提示的要求输入有关内容，停车场所能容纳的车辆数由收费人员来确定，车辆离开时，车主还可以得到收据；系统程序所提供的一些信息可通过特殊设备显示出来，供车主了解信息，准确有效地停车。

（7）程序执行的命令为：

① 输入进停车场信息。

② 输入出停车场信息。

③ 打印收据。

（8）该程序系简单地运用栈与队列基本知识的工具，不能用于现实中，特别是栈"先进后出"的规则大大限定了该程序的推广，现实世界的停车场管理系统比这个复杂得多。

2.4.3　项目设计

按照从终端读入的输入数据进行模拟管理，每一组输入数据包括 3 个数据项：汽车"进停车场"或"出停车场"信息、汽车牌照号码以及进停车场或出停车场的时刻，对每一组输入数据进行操作后的输出信息为：若是车辆到达，则输出汽车在停车场内或便道上的停车位置；若是车辆离去，则输出汽车在停车场内逗留的时间和应交纳的费用（在便道上停留不收费），以顺序结构实现，队列以链表结构实现。

（1）输入车牌号，停车函数接收车牌号，判定停车场是否停满。若满则输出提示并将车辆加入等待队列，否则判定该车牌号是否与停车场内某车辆重复；若不重复则加入停车场，语句实现：

```
void Parking();
```

（2）计算停车费用，该函数判定当停车场内某辆车要离开时，在它之后进入的车辆必须先退出停车场为它让路，待该辆车开出大门外，其他车辆再按原顺序进入停车场，每辆停放在停车场内的车在离开停车场时必须按它停留的时间长短交纳费用，语句实现：

```
checking(Car checkingCar);
```

（3）车辆驶离，并完成停车场内车辆调整，语句实现：

```
Leaving();
```

（4）程序入口，菜单驱动程序，语句实现：

```
int main();
```

2.4.4　项目实现

主函数的实现代码如下：

```
//主程序:
# include < iostream >
# include < ctime >
# include < queue >
# include < list >
# include "Car.h"
using namespace std;
static queue < Car > WaitingCars;
static list < Car > ParkingCars;
static int n;
…
//主函数
int main()
{
```

```cpp
bool flag = false;
cout <<"请输入停车场大小: "<< endl;
cin >> n;
do
{
    cout <<"请输入操作指令: 1.停车; 2.离开; 3.退出系统。"<< endl;
    int instruct;
    cin >> instruct;
    switch(instruct)
    {
    case 1:
        Parking();
        flag = false;
        break;
    case 2:
        Leaving();
        flag = false;
        break;
    case 3:
        flag = true;
        break;
    default:
        cout <<"请输入操作指令: 1.停车; 2.离开; 3.退出系统。"<< endl;
        flag = false;
        break;
    }
}
while(flag == false);
return 0;
}
```

2.4.5 运行结果

（1）输入停车场大小，如图 2-5 所示。

（2）选择停车、离开或退出系统，如图 2-6 所示。

（3）停车，如图 2-7 所示。

（4）汽车缴费并离开停车场，如图 2-8 和图 2-9 所示。

（5）退出系统，如图 2-10 所示。

图 2-5　输入停车场大小

图 2-6　选择停车、离开或退出系统

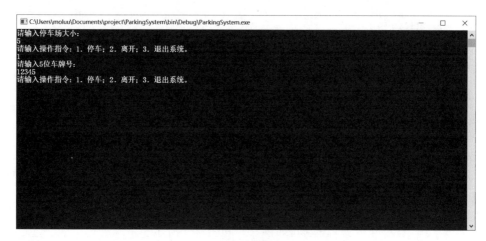

图 2-7　停车

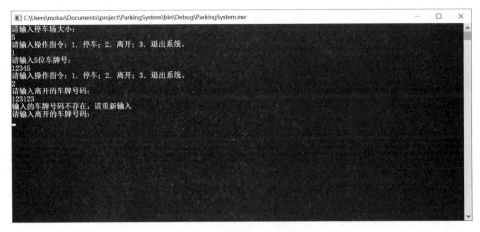

图 2-8 输入离开的车牌号码

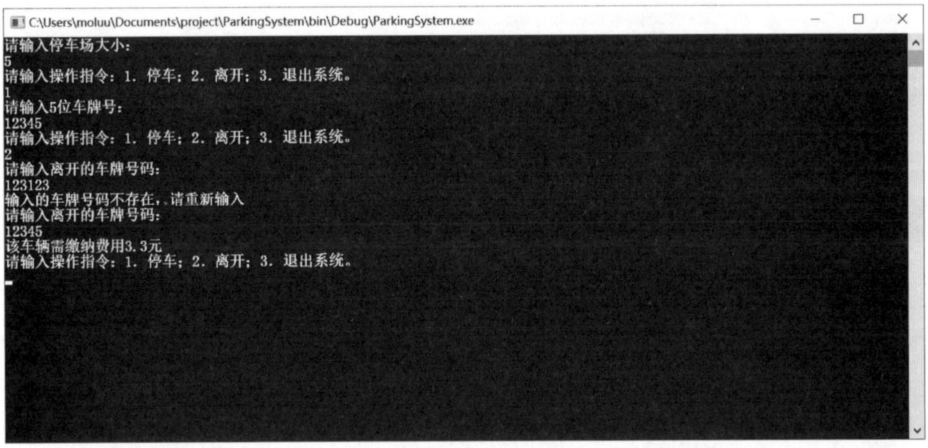

图 2-9 缴费离开

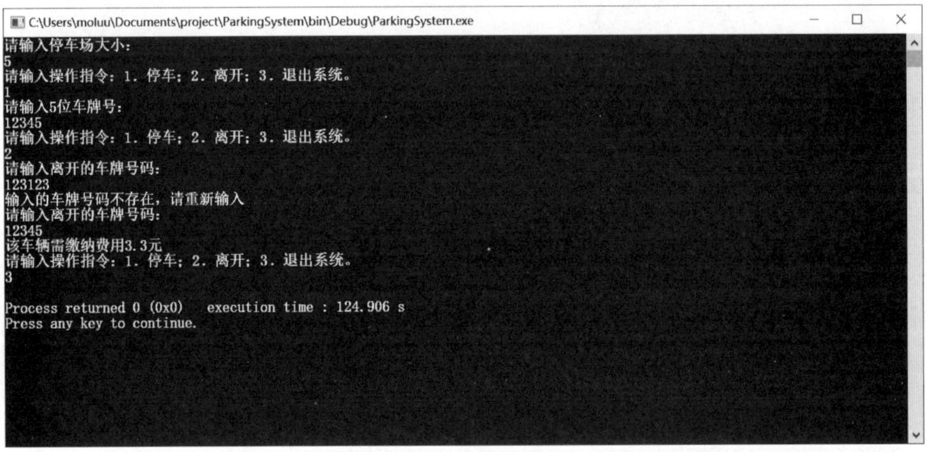

图 2-10 退出系统

2.5　课程设计5　文本文件的检索——KMP

2.5.1　问题描述

实现创建和修改文本文件,统计指定字符串在文本文件中的频次和位置,使用 KMP 算法检索文本中指定的字符串。KMP 算法的优点在于：每当匹配过程中出现相比较的字符不相等时,不需要回溯主串的字符位置指针,而是利用已经得到的部分匹配结果将模式串向右滑动尽可能远的距离,再继续进行比较。

2.5.2　需求分析

(1)创建文本文件,根据文本文件中给定单词的总数和位置进行统计。

(2)文本文件中的每个单词不包含空格,不越线,该词由字符序列组成。

(3)设计字符串统计算法,验证所有输出的匹配位置结果,以证明算法设计和实施的正确性。

(4)字符串定位通过简单模式匹配算法或 KMP 算法。

(5)保存文本文件。

2.5.3　项目设计

项目需要实现以下的功能。

(1)设计菜单驱动程序,与用户进行交互。

(2)通过系统调用完成文本文件的创建、修改等操作。

(3)在使用 KMP 算法进行字符串匹配前,计算 next 数组。

(4)使用 KMP 算法在文本文件中通过用户输入的关键字进行匹配。

(5)显示匹配到的字符串的位置和计数结果。

项目构建以下的函数实现相关的功能：

```
int KMP(String S, String T, int p = 0);          //KMP 查找算法
void StringCount();                              //单词统计
void StringRetrieval();                          //单词检索
int String::GetLength();                         //返回文本长度
void CreateTXT();                                //创建文本文件
void Menu();                                     //菜单驱动程序
```

2.5.4 项目实现

```
#include<iostream>
#include<fstream>
#define MAX_STR_SIZE 100
using namespace std;
class String
{
public:
    String()
    {
        text[0] = '\0';
    }
//获取文本长度
    int GetLength();
    char text[MAX_STR_SIZE];
};
…
//主函数
int main()
{
    int i;
    while(true)
    {
//加载菜单程序
        Menu();
        cin>>i;
        switch(i)
        {
        case 1:
//创建文件
            CreateTXT();
            break;
        case 2:
//单词词频
            StringCount();
            break;
        case 3:
//单词检索
            StringRetrieval();
            break;
        case 0:
```

```
//退出程序
        exit(0);
    default:
        cout <<"输入非法!请重新输入。"<< endl;
    }
}
return 0;
}
```

2.5.5　项目运行结果

（1）菜单驱动程序如图 2-11 所示。

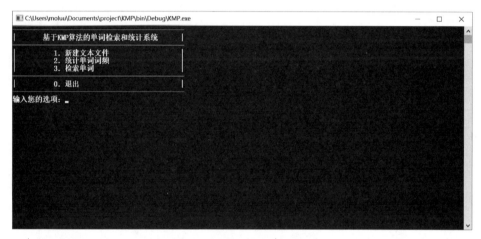

图 2-11　算法的菜单驱动程序

（2）新建文本文件，如图 2-12 所示。

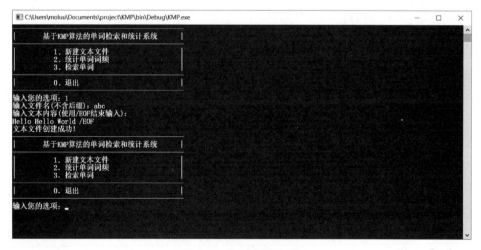

图 2-12　新建文本文件

（3）统计单词词频，如图 2-13 所示。

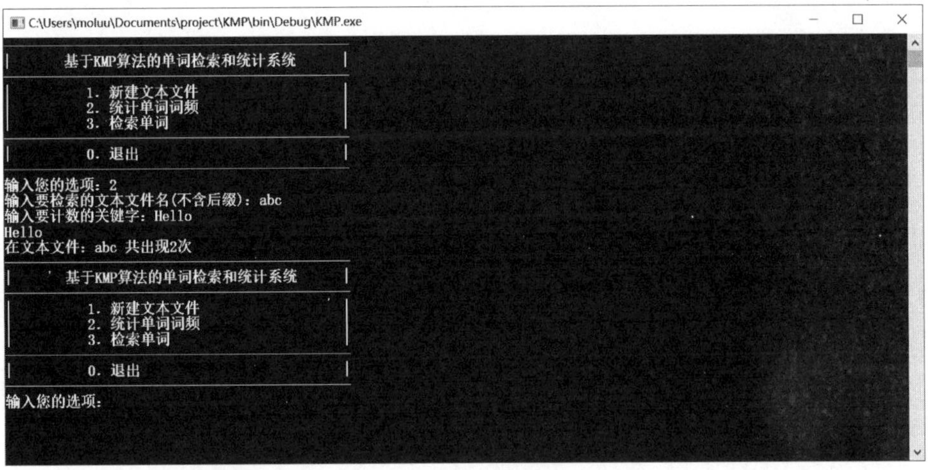

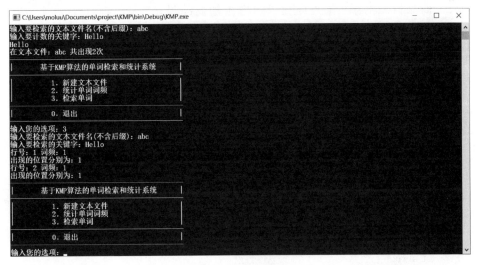

图 2-13　统计单词词频

（4）检索单词，如图 2-14 所示。

图 2-14　检索单词

2.6　课程设计6　超市商品目录管理

2.6.1　问题描述

超市中商品种类繁多，需要对不同种类的商品进行多级分类管理，如图 2-15 所示。

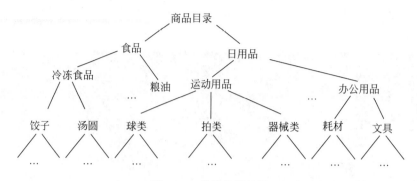

图 2-15 商品分类目录

2.6.2 需求分析

现要求设计一个简单的超市商品分类目录管理系统,实现以下功能。

(1) 商品目录的显示:要求以"树状层次结构"显示所有商品目录分类。

(2) 商品目录的添加:可向目录树中添加商品目录。

(3) 商品目录的删除:可在目录树中删除指定的商品目录。

(4) 商品目录的查找:可在目录树中查找指定的商品目录。

2.6.3 项目设计

根据商品目录管理系统的问题描述和需求分析,在对商品分类目录树进行存储时,商品目录树在内存中的存储结构可采用带双亲的孩子链表表示法,而在外存中商品目录树的存储结构可采用双亲表示法。

数据结构的定义:

```
typedef struct{
    char id[20];                //商品目录编号
    char name[20];              //商品目录名称
}
GCType;                         //商品目录类型
typedef GCType TElemType;       //树中元素类型为商品目录类型
typedef struct {
    TElemType data;
    int parent;
}
PTNode;                         //采用双亲表示法中树的结点类型
#define MAX_TREE_SIZE 100
```

```
typedef struct CNode {
    int child;
    struct CNode * nextChild;
}
CNode, * childPtr;              //孩子链表表结点及其指针类型
typedef struct {
    TElemType data;
    int parent;
    childPtr firstChild;
}
CTNode;                        //带双亲的孩子链表头结点类型
typedef struct {
    CTNode nodes[MAX_TREE_SIZE];
    int nodeNum, root;
}
CTree;                        //带双亲的孩子链表表示法的商品分类目录树类型
int modiTag;                  //全局量,目录树修改标识;值为1表示已被修改,值为0
                             //表示未被修改
```

需要实现商品目录的输入、存储、显示操作:

```
void readData(CTree &T)       //从商品目录文件中读取商品目录信息,建立目录树 T
void saveData(CTree &T)       //将目录树 T 以双亲表示法存到外存商品目录文件中
void preDisp(CTree &T, int s, int layer)//用先序遍历方法,将 T 中以结点 s 为根的子树以树
                             //状结构显示; layer 为 s 结点所在层数
void displayGCTree(CTree &T)  //以树状结构输出商品分类目录树 T
void addNewGC(CTree &T)       //向目录树 T 中添加新商品目录
void exitProcess(CTree &T)    //检查目录树修改标记,若目录树已修改,提示进行存盘
void selectMenu()            //显示系统主菜单
```

2.6.4　项目实现

```
# include < iostream >
# include < fstream >
# include < stdlib. h >
# include < string. h >
# include < iomanip >
using namespace std;
typedef struct{
    char id[20];                   //商品目录编号
    char name[20];                 //商品目录名称
}GCType;                          //商品目录类型
typedef GCType TElemType;         //树中元素类型为商品目录类型
```

```
typedef struct {
    TElemType data;
    int parent;
} PTNode;                              //采用双亲表示法中树的结点类型
#define MAX_TREE_SIZE 100
typedef struct CNode {
    int child;
    struct CNode * nextChild;
}CNode, * childPtr;                    //孩子链表表结点及其指针类型
typedef struct {
    TElemType data;
    int parent;
    childPtr firstChild;
} CTNode;                              //带双亲的孩子链表头结点类型
typedef struct {
    CTNode nodes[MAX_TREE_SIZE];
    int nodeNum, root;
} CTree;                               //带双亲的孩子链表表示法的商品分类目录树类型
int modiTag;                           //全局量,目录树的修改标识; 值为1则表示已被修
                                       //改,值为0则表示未被修改
...
int main(){
  CTree T;
  int select;
  readData(T);
  while (1){                           //循环,直到select输入值为0时退出系统
    selectMenu();
    cin >> select;
    switch (select){
      case 1: displayGCTree(T); break; //显示目录树
      case 2: addNewGC(T); break;      //添加新商品目录
      case 3: saveData(T); break;      //存盘
      case 0: exitProcess(T); return 0;//退出
      default: cout <<"输入错误!\n";
    }
    cout << endl << endl;
    system("pause");
    system("cls");                     //清屏
  }
}
```

2.6.5 项目运行初始界面

项目运行初始界面如图 2-16 所示。

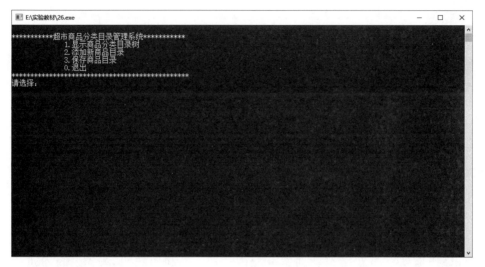

图 2-16　项目运行初始界面

2.7　课程设计 7　压缩软件的设计——哈夫曼编码

2.7.1　问题描述

设计一个压缩软件,能对输入的任何类型的文件进行哈夫曼编码,产生编码后的文件——压缩文件;也能对输入的压缩文件进行译码,生成压缩前的文件——解压文件。

2.7.2　需求分析

为了建立哈夫曼树,首先扫描源文件,统计每类字符出现的频度(出现的次数),然后根据字符频度建立哈夫曼树,接着根据哈夫曼树生成哈夫曼编码。再次扫描文件,每次读取 8b,根据"字符-编码"表,匹配编码,并将编码存入压缩文件,同时存入编码表。解压时,读取编码表,然后读取编码匹配编码表找到对应字符,存入文件,完成解压。本项目中需要完成如下的功能。

(1) 读取需要压缩的文件。

(2) 统计需要压缩的文件的各类字符频率,建立哈夫曼树,生成哈夫曼编码。

(3) 对需要压缩的文件进行哈夫曼编码,实现文件压缩。

(4) 读取需要解压缩的文件,通过哈夫曼编码表解压还原。

2.7.3　项目设计

1. 读取文件

压缩文件解压的第一步就是读取文件,为了能够处理任何格式的文件,采用二进制方式读取文件。以一个无符号字符(unsigned char)的长度 8 位为处理单元,最多有 256(0~255)种组合,即 256 类字符。

2. 构建哈夫曼树

要建立哈夫曼树,先要得到各类字符的频度,有两种扫描方案:一是利用链表存储,每扫描到一类新字符就动态分配内存;二是利用数组,静态分配 256 个空间,对应 256 类字符,然后用下标随机存储。链表在需要时才分配存储空间,可以节省内存,但是每加入一个新字符都要扫描一次链表,很费时;考虑到仅有 256 个字符种类,不是很多,使用静态数组,不会造成很大的空间浪费,并且可以用数组的下标匹配字符,不需扫描数组就可以找到每类字符的位置,达到随机存储的目的,效率有很大的提升。当然,每类字符不一定都出现,所以,统计完后,需要排序,将字符频度为零的结点剔除。基于文件字符的频率构建哈夫曼树,树结点含有权重(在这里为字符频度,同时也要把频度相关联的字符保存在结点中)、左右孩子、双亲等信息。

3. 进行哈夫曼编码

每类字符对应一串编码,故从叶子结点(字符所在结点)由下往上生成每类字符对应的编码:左 0,右 1。为了得到正向的编码,设置一个编码缓存数组,从后往前保存,然后从前往后复制到叶子结点对应的编码域中,需要根据得到的编码长度为编码域分配空间。对于缓存数组的大小,由于字符种类最多为 256 种,构建的哈夫曼树最多有 256 个叶子结点,树的深度最大为 255,故编码最长为 255,所以分配 256 个空间,最后一位用于保存结束标志。

4. 文件压缩

首先将字符及种类和编码(编码表)存储于压缩文件中,供解压时使用。以二进制打开源文件,根据前面的以 8 位字符为单元编码处理,压缩也以 8 位字符为处理单元,每次读取一个 8 位的无符号字符,循环扫描匹配存储于哈夫曼树结点中的编码信息。由于编码长度不定,故需要一个编码缓存,待编码满足 8 位时才写入,文件结束时缓存中可能不足 8 位,在后面补 0,凑足 8 位写入,并将编码的长度随后存入文件。在哈夫曼树结点中,编码的每一位都是以字符形式保存的,占用空间很大,不可以直接写入压缩文件,需要转为二进制形式写入;利用 C 语言提供的位操作(与、或、移位)来实现,每匹配一位,用“或”操作存入低位,并左移一位,为下一位腾出空间,依次循环,满足 8 位就写入一次。压缩文件的存储结构包括排序字符、字符对应权重、文件长度和字符编码字符种类,其中,字符种类用来判断读取的字符、频度序偶的个数,同时用来计算哈夫曼结点的个数;文件长度用来控制解码生成的字符个数,即判断解码结束。

5. 文件解压缩

解压文件时,以二进制方式打开压缩文件,读取压缩文件前端的字符及对应编码,重建哈夫曼树。再次打开压缩后将生成的文件,依次读取一个字符长度的编码,处理读取的一个字符长度的编码(通常为 8 位),由根向下直至叶结点正向匹配编码对应字符,直到文件处理完成。

定义的数据结构如下:

```
//统计字符频度的临时结点
typedef struct {
    unsigned char uch;              //以 8b 为单元的无符号字符定义 uch,是为了统计字符
                                    //种类和进行字符位置交换
    unsigned long weight;           //每类(以二进制编码区分)字符出现的频度,即权值
} TmpNode;
//哈夫曼树结点
typedef struct {
    unsigned char uch;              //以 8b 为单元的无符号字符
    unsigned long weight;           //每类(以二进制编码区分)字符出现的频度,即权值
    char * code;                    //字符对应的哈夫曼编码(动态分配存储空间)
    int parent, lchild, rchild;     //定义双亲和左右孩子
} HufNode, * HufTree;
```

需要完成哈夫曼树的创建、生成哈夫曼编码、进行文件的压缩和解压操作:

```
void select(HufNode * huf_tree, unsigned int n, int * s1, int * s2)
//选择最小和次小的两个结点
void CreateTree(HufNode * huf_tree, unsigned int char_kinds, unsigned int node_num)
//建立哈夫曼树
void HufCode(HufNode * huf_tree, unsigned char_kinds)//生成哈夫曼编码
int compress(char * ifname, char * ofname)          //压缩函数
int extract(char * ifname, char * ofname)           //解压函数
```

2.7.4　项目实现

```
#include <stdio.h>
#include <stdlib.h>
#include <string.h>
#include <limits.h>
#include <iostream>
using namespace std;
//统计字符频度的临时结点
typedef struct
{
    unsigned char uch;          //以 8b 为单元的无符号字符,定义 uch 是为了统计字
                                //符种类和进行字符位置交换
    unsigned long weight;       //每类(以二进制编码区分)字符出现的频度,即权值
}
TmpNode;
//哈夫曼树结点
typedef struct
{
    unsigned char uch;          //以 8b 为单元的无符号字符
    unsigned long weight;       //每类(以二进制编码区分)字符出现的频度,即权值
    char * code;                //字符对应的哈夫曼编码(动态分配存储空间)
    int parent, lchild, rchild; //定义双亲和左右孩子
}
HufNode, * HufTree;
…
//主函数
int main()
{
    while(1)
    {
        int choose, flag = 0;   //每次进入循环都要初始化 flag 为 0,用于在后面
                                //判断文件名是否存在,choose 为用户选择操作
        char ifname[256], ofname[256];//保存输入/输出文件名
        cout <<"\n******** 基于哈夫曼编码的文件压缩与解压缩 ******** \n";
        cout <<"\n 1. 压缩 ";
        cout <<"\n 2. 解压缩 ";
        cout <<"\n 3. 退出 ";
        cout <<"\n
         ************************************************* ";
        cout <<"\n 请输入选择项:";
        cin >> choose;
```

```
    while(choose < 0 || choose > 2)
    {
        cout <<"输入错误,请重新输入"<< endl;
        cin >> choose;
    }
    if (choose == 3)break;
    else
    {
        cout <<"请输入文件名称: ";
        fflush(stdin);                    //清空标准输入流,防止干扰 gets()函数读取文件名
        gets(ifname);
        cout <<"请输入需要输出的文件名称: ";
        fflush(stdin);
        gets(ofname);
    }
    switch(choose)
    {
    case 1:
        flag = compress(ifname, ofname);    //压缩,返回值用于判断文件名是否不存在
        if (flag ==  -1)
            cout <<"原文件不存在!!!\n";        //如果标志为'-1',则输入文件不存在
        else
        {
            cout <<"压缩中……\n";
            cout <<"操作完成!\n";            //操作完成
        }
        break;
    case 2:
        flag = extract(ifname, ofname);    //解压,返回值用于判断文件名是否不存在
        if (flag ==  -1)
            cout <<"原文件不存在!!!\n";        //如果标志为'-1',则输入文件不存在
        else
        {
            cout <<"解压中……\n";
            cout <<"操作完成!\n";            //操作完成
        }
        break;
    }
}
    return 0;
}
```

2.7.5 项目运行初始界面

项目运行初始界面如图 2-17 所示。

图 2-17　项目运行初始界面

2.8　课程设计 8　城市地铁规划问题

2.8.1　问题描述

某城市需要在各个辖区之间修建地铁，以缓解路面的交通堵塞状况。由于地铁建设费用高昂，因此需要合理安排地铁建设线路，以方便市民乘地铁到达各个辖区并使总费用最低。

2.8.2　需求分析

可以将各个辖区抽象为点，辖区之间的地铁线路抽象成边，辖区之间的地铁线路长度看作权重，城市地铁线路可以抽象表示为一个无向图，建设问题可以转化为通过图的最短路径算法解决，为了实现合理规划地铁建设线路，且建设费用最少的目标，可利用图的最短路径算法将最短地铁路线计算出来，并计算出其上的权值里程，便可得到最短的建设线路。

项目需要实现以下功能。

（1）数据输入：输入各个辖区代号、名称和各辖区间的直接距离（地铁铺设费用与距离成正比）。

（2）建立地铁线路无向图：根据输入的辖区信息，建立图模型，使用的数据结构是无向图，采用邻接矩阵存储。

（3）计算最小生成树：根据 Prim 算法计算最小生成树。

（4）根据辖区距离信息，计算出应该在哪些辖区建立地铁线路。

（5）输出结果：应建设地铁线路的辖区名称及地铁线路长度、最终建设的地铁线路总里程。

2.8.3 项目设计

（1）城市各个辖区的信息及各辖区间的地铁线路距离存储在 ANSI 格式的文件中，包括顶点数、边数、各个顶点的名称、各条边的邻接点及权值。顶点对应城市各个辖区，权值对应各个辖区地铁线路长度，如图 2-18 所示。

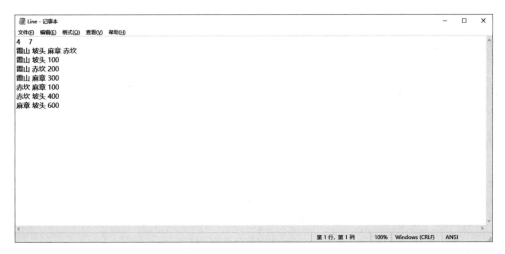

图 2-18 ANSI 格式的文件

（2）读入地铁线路信息文件（Line.txt）建立无向图图模型，采用邻接矩阵存储。

（3）用邻接矩阵求图的最小生成树：根据 Prim 算法计算最小生成树。

（4）根据生成的最小生成树输出各个辖区路线，并输出最小路径。

数据结构的定义如下：

```
typedef char VexType[MAXNAME];    /*顶点信息*/
typedef float AdjType;            /*两顶点间的权值信息*/
typedef struct {                  /*边结构体*/
    int start_vex, stop_vex;      /* 边的起点和终点 */
    AdjType weight;               /* 边的权 */
} Edge;
typedef struct {                  /*图结构*/
```

```
    int vexNum;                          /* 图的顶点个数 */
    int edgeNum;                         /* 图中边的数目 */
    Edge mst[MAXVEX - 1];                /* 用于保存最小生成树的边数组,只用到(顶点数 - 1) 条 */
    VexType vexs[MAXVEX];                /* 顶点信息 */
    AdjType arcs[MAXVEX][MAXVEX];        /* 边的邻接矩阵 */
} GraphMatrix;
```

实现地铁线路信息的读入,初始化地铁线路无向图,建立最小生成树,输出最短的地铁线路等操作:

```
void GraphInit(GraphMatrix * g)            //用包含图的信息的文件初始化图
int LocateVex(GraphMatrix * g, VexType u)  //操作结果: 若 g 中存在顶点 u,则返回该顶点在
                                           //图中位置;否则返回 - 1
void Prim(GraphMatrix * pgraph)            //用邻接矩阵求图的最小生成树,采用 Prim 算法
int main(int argc, char * argv[])          //主函数调用 GraphInit(&graph)、Prim(&graph)
                                           //函数获得最小生成树并输出
```

2.8.4　项目实现

```
# include < string.h >
# include < iostream >
using namespace std;
# include < string.h >
# define MAXVEX 30
# define MAXNAME 20              /* 顶点信息长度最大值 */
# define MAX 32767               /* 若顶点间无路径,则以此最大值表示不通 */
typedef char VexType[MAXNAME];   /* 顶点信息 */
typedef float AdjType;           /* 两顶点间的权值信息 */
typedef struct                   /* 边结构体 */
{
    int start_vex, stop_vex;     /* 边的起点和终点 */
    AdjType weight;              /* 边的权 */
} Edge;
typedef struct                   /* 图结构 */
{
    int vexNum;                  /* 图的顶点个数 */
    int edgeNum;                 /* 图中边的数目 */
    Edge mst[MAXVEX - 1];        /* 用于保存最小生成树的边数组,只用到(顶点数 - 1)条 */
    VexType vexs[MAXVEX];        /* 顶点信息 */
    AdjType arcs[MAXVEX][MAXVEX];/* 边的邻接矩阵 */
} GraphMatrix;
```

...

```
//主函数
int main(int argc, char * argv[])
{
    int i;
    float totallen = 0;
    GraphMatrix graph;
    GraphInit(&graph);
    Prim(&graph);
    cout <<" ************* 城市地铁建设规划 ************* "<< endl;
    cout <<"\n 应建设的最短地铁线路如下：\n\n";
    for (i = 0; i < graph.vexNum - 1; i++)
    {
        cout <<" "<< graph.vexs[graph.mst[i].start_vex]<<"< - >"<< graph.vexs[graph.mst
[i].stop_vex]<<"段"<< graph.mst[i].weight <<"千米)\n";
        totallen += graph.mst[i].weight;
    }
    cout <<"\n 地铁路线总长"<< totallen <<"千米\n";
    return 0;
}
```

2.8.5 项目运行初始界面

项目运行初始界面如图 2-19 所示。

图 2-19 项目运行初始界面

2.9 课程设计 9 课程安排计划——AOV

2.9.1 问题描述

大学中每个专业都需要制定教学计划。表 2-1 列出了计算机系的若干本科课程,其中有些课程不要求先修课程,例如,C1 是独立于其他课程的基础课,而有些课程却需要有先修课程,比如,学完程序设计语言 C++和离散数学后才能学习数据结构。

表 2-1　计算机系的若干本科课程

课 程 代 号	课 程 名 称	先 修 课 程
C1	高等数学	无
C2	计算机科学导论	无
C3	离散数学	C1
C4	程序设计语言 C++	C1、C2
C5	数据结构	C3、C4
C6	计算机原理	C2、C4
C7	数据库原理	C4、C5、C6

假如每学年含两学期,每学期的时间长度和学分上限值均相等,而且课程开设时间的安排必须满足先修关系。每门课恰好在一个学期完成。基于此,设计一个程序让计算机完成教学计划的编制。

2.9.2 需求分析

教学计划编制需要处理课程之间的依赖关系,根据问题描述及要求,可知设计中需要定义出课程间先修关系的 AOV 网图中的顶点及弧边的结构体,在运行结果中将图的信息显示出来,利用先修关系将课程排序,最后输出每学期的课程。

教学计划编制需要处理课程之间的依赖关系,需要完成下列功能。

(1)输入基本信息:包括总学期数、课程总数、每学期的总学分上下限。

(2)输入课程信息:包括课程编号、课程名、学分。

(3)输入课程先修依赖关系:课程的先修课程。

(4)进行教学规划。

（5）输出满足一定条件的教学计划。

2.9.3 项目设计

（1）基本信息的输入。本项目中需要输入的数据较多，逐一输入操作不便，因此，可将信息存在如图 2-20 所示的.txt 文件中，通过文件读入基本信息，包括学期总数、一学期的学分上限、课程总门数，所有课程的编号，每门课的课程号、课程名、学分和直接先修课程的课程号。

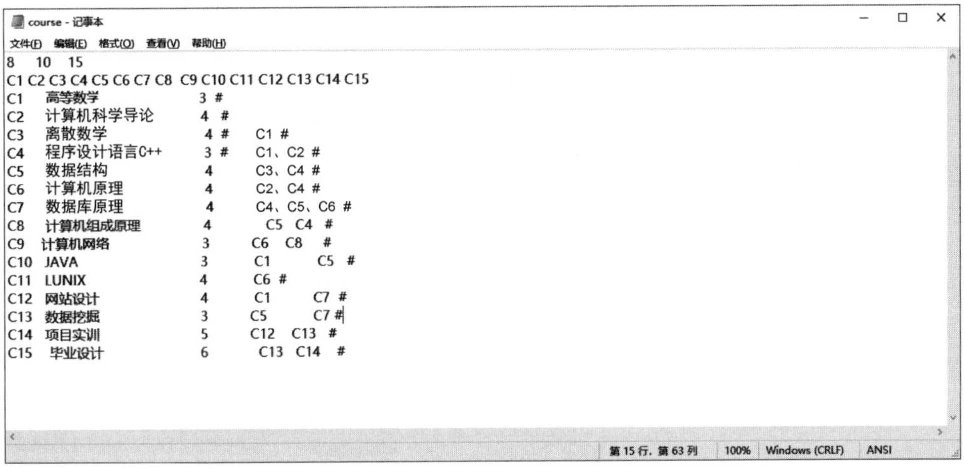

```
8   10   15
C1 C2 C3 C4 C5 C6 C7 C8 C9 C10 C11 C12 C13 C14 C15
C1    高等数学           3 #
C2    计算机科学导论     4 #
C3    离散数学           4 #   C1 #
C4    程序设计语言C++    3 #   C1、C2 #
C5    数据结构           4     C3、C4 #
C6    计算机原理         4     C2、C4 #
C7    数据库原理         4     C4、C5、C6 #
C8    计算机组成原理     4      C5  C4  #
C9    计算机网络         3     C6  C8   #
C10   JAVA               3     C1       C5  #
C11   LUNIX              4     C6 #
C12   网站设计           4     C1       C7 #
C13   数据挖掘           3     C5       C7 #
C14   项目实训           5     C12  C13  #
C15   毕业设计           6      C13  C14  #
```


图 2-20　课程信息存储文件

（2）将课程看作结点，课程间的先修关系看作边，可以构建一个有向图，然后对图进行拓扑排序，按照所获得的拓扑序列中的顶点次序排课，可以保证每门课程开课时，该课程的所有先修课程已经完成，从而制定出满足教学要求的教学计划。

（3）根据实际的教学要求编制教学计划：一是使课程尽量集中在前几个学期中；二是使各学期中的课程数量尽可能均等。

相关的数据结构定义如下：

```
//定义课程
typedef struct Course
{
   string  id;
   string  name;
   int     credit;
} Course;
```

```
typedef   Course   VerTexType;
//－－－－－图的邻接表存储表示－－－－－

//定义边结点
typedef struct ArcNode
{
    int   adjvex;                    //该边所指向的顶点的位置
    struct ArcNode * nextarc;        //指向下一条边的指针
} ArcNode;

//定义表头结点
typedef struct VNode
{
    VerTexType data;                 //顶点信息
    ArcNode * firstarc;              //指向第一条依附该顶点的边的指针
} VNode, AdjList[MaxClassNum];       //AdjList 表示邻接表类型

//定义排课基本信息
typedef struct Info
{
    int SemesterNum;                 //学期数
    int MaxCredit;                   //每学期最大学分
} Info;

//定义图
typedef struct
{
    AdjList vertices;                //邻接表
    AdjList converse_vertices;
    Info   ExtraInfo;
    int   vexnum, arcnum;            //图的当前顶点数和边数
} ALGraph;

//－－－－－顺序栈的定义－－－－－
typedef struct
{
    int * base;
    int * top;
    int stacksize;
} spStack;
//－－－－－－－－－－－－－－－－－
int indegree[MaxClassNum];           //数组 indegree 存放各顶点的入度
spStack S;
```

实现栈的初始化、入栈、出栈、判断栈是否空、图的创建、图的拓扑排序、按策

略排课等相关操作：

```
void InitStack(spStack &S);                //栈的初始化
void Push(spStack &S, int i);              //入栈
void Pop(spStack &S, int &i);              //出栈
bool StackEmpty(spStack S);                //判断栈是否为空
int LocateVex(ALGraph G, string v);        //计算字符串 v 表示的课程顶点在图中的位置
void show(ALGraph G);                       //显示从文件中读入的教学安排基础信息
void Creat_ALGraph(ALGraph    &G);          //从文件读取课程基本信息,创建有向图
void FindInDegree(ALGraph G);              //求各顶点的入度,存入数组 indegree 中
int TopologicalSort(ALGraph G, int topo[]); //对图进行拓扑排序,若 G 无回路,则生成 G 的一
                                            //个拓扑序列 topo[]并返回 OK,否则返回 ERROR
int Sort1(ALGraph G, int * p);             //按照排序策略 1(课程尽可能集中在前几学期),对 p
                                            //指针指向的课程拓扑序列输出每学期的课程安排
int Sort2(ALGraph G, int * p);             //按照排序策略 2(各学期课程数量尽量平均),对 p
                                            //指针指向的课程拓扑序列输出每学期的课程安排
void menu();                               //选择菜单
```

2.9.4 项目实现

程序主函数的实现代码如下：

```cpp
/*教学计划编制问题(图的拓扑排序应用)*/
# include< iostream >
# include < fstream >
# include < string >
# include < iomanip >
# include < math. h >
using namespace std;
# define MaxClassNum 100              //最大课程门数
# define MaxSemesterNum 8             //最大学期数
# define OK 1
# define ERROR 0
# define OVERFLOW  - 2
//定义课程
typedef struct Course
{
    string   id;
    string   name;
    int      credit;
} Course;
```

```
typedef   Course   VerTexType;
//－－－－－图的邻接表存储表示－－－－－

//定义边结点
typedef struct ArcNode
{
    int   adjvex;                          //该边所指向的顶点的位置
    struct ArcNode * nextarc;              //指向下一条边的指针
} ArcNode;

//定义表头结点
typedef struct VNode
{
    VerTexType data;                       //顶点信息
    ArcNode * firstarc;                    //指向第一条依附该顶点的边的指针
} VNode, AdjList[MaxClassNum];             //AdjList 表示邻接表类型

//定义排课基本信息
typedef struct Info
{
    int SemesterNum;                       //学期数
    int MaxCredit;                         //每学期最大学分
} Info;

//定义图
typedef struct
{
    AdjList vertices;                      //邻接表
    AdjList converse_vertices;
    Info   ExtraInfo;
    int   vexnum, arcnum;                  //图的当前顶点数和边数
}
ALGraph;

//－－－－－顺序栈的定义－－－－－
typedef struct
{
    int * base;
    int * top;
    int stacksize;
```

```
}
spStack;

int indegree[MaxClassNum];              //数组 indegree 存放各顶点的入度
spStack S;
//选择菜单设计
…
void menu()
{
    cout << endl <<"请选择不同的教学计划安排方案: "<< endl;
    cout <<"1.课程尽可能集中在前几学期完成"<< endl;
    cout <<"2.每学期的课程尽可能平均"<< endl;

}
//主函数
int main()
{
    ALGraph G;
    int choose,flage;
    Creat_ALGraph(G);
    int * topo = new int [G.vexnum];
    flage = TopologicalSort(G, topo);
    while(flage)
    {
        cout << endl;
        menu();
        cout <<"方案: ";
        cin >> choose;

        switch (choose)
        {

        case 1:
            Sort1(G,topo);
            break;
        case 2:
            Sort2(G,topo);
            break;
        default:
            cout <<"endl <<输入有误,请重新输入(1 或 2)!"<< endl;
```

```
        }
    }

    return OK;

}//main
```

2.9.5　项目运行初始界面

（1）项目运行初始界面如图 2-21 所示。

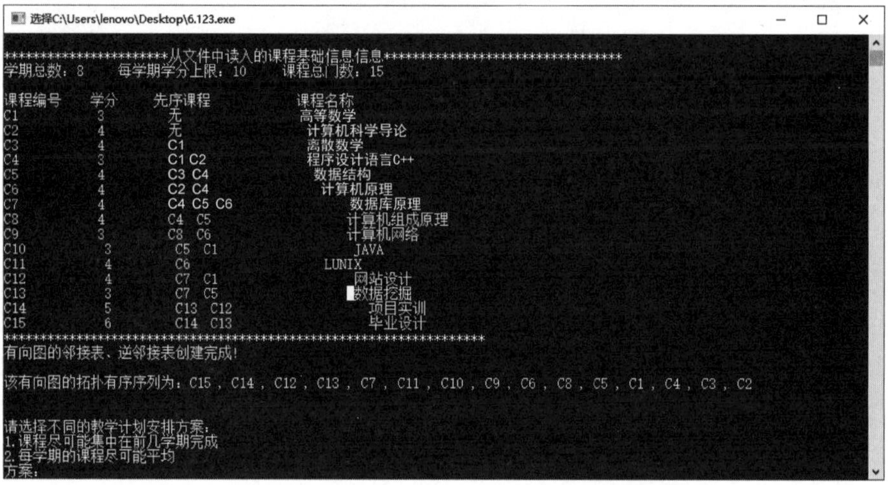

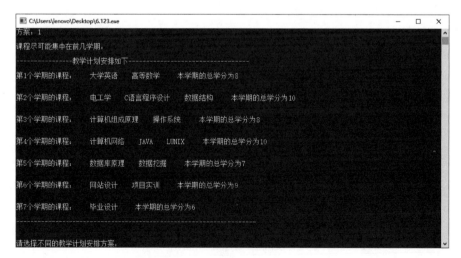

图 2-21　项目运行初始界面

（2）根据课程尽可能安排在前几学期得到的方案如图 2-22 所示。

图 2-22　课程安排方案(一)

（3）根据课程尽可能安排在前几学期且每学期课程尽量平均得到的方案如图 2-23 所示。

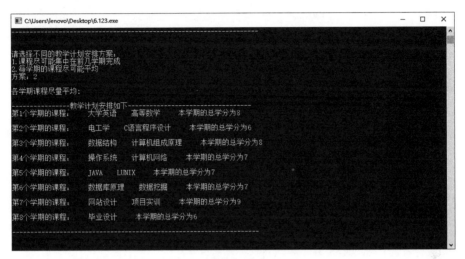

图 2-23 课程安排方案（二）

2.10 课程设计 10 机票预订管理系统

2.10.1 问题描述

航空公司需要设计一个订票管理系统，实现机票的查询、预订、退票等日常业务活动，提高公司的办公效率。

2.10.2 需求分析

通过调研现有的机票订票流程和用户的订票需求，分析出订票管理系统应实现以下功能。

（1）航空线路的管理：实现航线信息的输入和管理。每条航线的信息包括起始站名、终点站名、航班号、飞机型号、飞行日期、起飞时间、到达时间、乘员定额、余票量、订票信息。

（2）航班查询：根据旅客输入的起始站名查询出相关航线信息。

（3）机票预订：根据客户提出的要求（航班号、订票数量）查询该航班情况，若有余票，则为客户办理订票手续，输出座位号；若已满或者余票少于订票数，则需要重新询问客户要求；若需要，则等待排队候补。

（4）退票业务。为客户办理退票手续,然后查询该航班是否有人排队候补,首先查询排在第一的客户,若所退票数能满足该客户的要求,则为其办理订票手续,否则查询处理下一位候补的客户。

（5）客户信息的管理：客户信息的输入、查询。

2.10.3 项目设计

由于航线基本不变,航线信息可采用顺序存储结构；成功订票客户名单及候补客户名单可分别由线性表和队列实现。为查找、插入和删除方便,已订票客户的线性表以链表作存储结构。由于预约人数无法预计,队列也应以链队列作存储结构。订票客户、候补客户、航线信息的数据结构定义如下：

```
#define MAXSIZE 50              //航线最大数量
/*已订票客户信息*/
typedef struct client//
{
    string name;               //客户姓名
    string id;                 //客户身份证号
    string date;               //订票的日期
    int ord_amt;               //订票数量
    int seat_num;              //座位号
    struct client * next;      //指向下一位客户

} linklist;

/*候补订票客户*/
typedef struct stayer          //队列存储结构
{
    string name;               //姓名
    string  id;                //客户身份证号
    string date;               //订票的日期
    int req_amt;               //订票数量
    struct stayer   * next;    //指向下一位客户
} qnode, * qptr;

/*候补订票客户链队列*/
typedef struct pqueue
{
    qptr front;                //候补客户名单域的头指针
    qptr rear;                 //候补客户名单域的尾指针
} linkqueue;
```

```
/ * 定义航线 * /
struct  airline
{
    string flinum;                      //航班号
    string begincity;                   //起始站
    string endcity;                     //终点站
    string flynum;                      //飞机型号
    string flydate;                     //飞行日期
    string betime;                      //起飞时间
    string entime;                      //到达时间
    int   price;                        //票价
    int   total;                        //乘员定额
    int   residue;                      //余票
    linklist * order;                   //乘员名单域,指向乘员名单链表的头指针
    linkqueue wait;     //候补的客户名单域,分别指向排队候补名单队头、队尾的指针
};
struct airline air[MAXSIZE], * r;
int number;
int i = 0;
```

实现航线信息的录入、显示、查询、订票、退票操作。

```
int input(void);                        //航线信息输入
void display(struct airline * info);    //输出每条航线的基本信息
void list(void);                        //显示所有航班信息
void search(void);                      //航线查询
void book(void);                        //订票
void refund(void);                      //退票
linkqueue appendcityqueue(linkqueue q, string name, int amount);
                                        //将新客户加入排队等候的客户名单域
linklist * insertlink(linklist * head, int amount, string name); //添加新订票客户信息
struct airline * find(void);            //航班号查询并以指针形式返回
void prtlink(void);                     //输出订票客户名单信息
void displayfront(void);                //主界面显示
void   displayend(void);                //后台界面显示
int main(void)                          //主函数,调用 displayfront(void)
```

2.10.4　项目实现

项目的主函数如下：

```
# include < iostream >
# include < stdlib. h >
```

```
# include < string. h >
# define MAXSIZE 50
using namespace std;
/* 已订票客户信息 */
typedef struct client
{
    string name;                          //客户姓名
    string id;                            //客户身份证号
    string date;                          //订票的日期
    int ord_amt;                          //订票数量
    int seat_num;                         //座位号
    struct client * next;                 //指向下一位客户
} linklist;
/* 候补订票客户 */
typedef struct stayer                     //队列存储结构
{
    string name;                          //姓名
    string   id;                          //客户身份证号
    string date;                          //订票的日期
    int req_amt;                          //订票数量
    struct stayer   * next;               //指向下一位客户
} qnode, * qptr;
/* 候补订票客户链队列 */
typedef struct pqueue
{
    qptr front;                           //候补客户名单域的头指针
    qptr rear;                            //候补客户名单域的尾指针
} linkqueue;
/* 定义航线 */
struct  airline
{
    string flinum;                        //航班号
    string begincity;                     //起始站
    string endcity;                       //终点站
    string flynum;                        //飞行号
    string flydate;                       //飞行日期
    string betime;                        //起飞时间
    string entime;                        //到达时间
    int   price;                          //票价
    int   total;                          //乘员定额
    int   residue;                        //余票
    linklist * order;                     //乘员名单域,指向乘员名单链表的头指针
    linkqueue wait;    //候补的客户名单域,分别指向排队候补名单队头、队尾的指针
};
```

```
struct airline air[MAXSIZE], * r;
int number;
int i = 0;
…
//主函数
int main(void)
{
    int choose;
    r = air;
    displayfront();
    return 0;
}
```

2.10.5 项目运行初始界面

项目运行初始界面如图 2-24 所示。

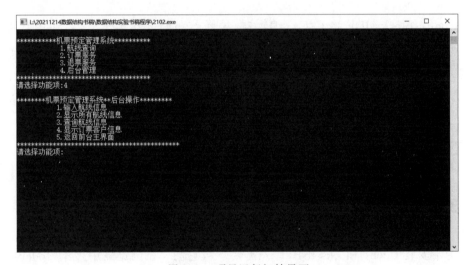

图 2-24 项目运行初始界面

## 第 3 章

Code：：Blocks

用高级计算机语言（例如 C、C++）编写的程序，需要经过编译器编译，才能转化成计算机能够执行的二进制代码。调试器用于调试程序。会用一款自己习惯的 IDE 进行程序的编写和调试确实很方便。本章介绍一款开源、免费、跨平台的集成开发环境 Code：：Blocks。

Code：：Blocks IDE 将 C/C++编辑器、编译器和调试器集于一体，使用它可以很方便地编辑、调试和编译 C/C++应用程序。Code：：Blocks 支持很多种常见的编译器，安装后占用较少的硬盘空间，功能十分强大，易学易用。下面具体介绍Code：：Blocks 的安装、配置以及工程项目/程序的创建、编辑、调试、编译、运行。

3.1 安装 Code：：Blocks

3.1.1 下载

为了安装 Code：：Blocks IDE，首先需要下载它们。在浏览器中搜索 CodeBlocks官网或者直接输入网址 http：//www.codeblocks.org/进入 CodeBlocks 官网进行下载。下载完成后解压会得到一个安装包（.exe 可执行文件）。

3.1.2 安装

Code：：Blocks IDE 支持 Windows、Linux、macOS 平台，本章以在 Windows 10上安装 Code：：Blocks 的目前最新版本 20.03 的过程为例介绍。

第一步，双击运行下载解压后的安装文件（见图 3-1）可看到如图 3-2 所示界面，然后进入如图 3-3 所示的初始安装界面，单击 Next 按钮，进入下一步。

codeblocks-20.03mingw-setup　　　2021/12/8 12:29　　　应用程序　　　148,848 KB

图 3-1　下载解压后的安装文件

图 3-2　解压后界面

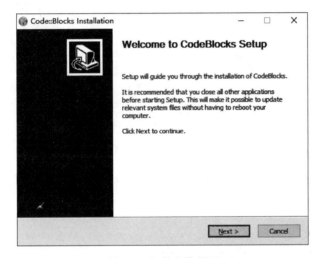

图 3-3　初始安装界面

第二步，在图 3-4 中单击 I Agree 按钮，进入下一步。

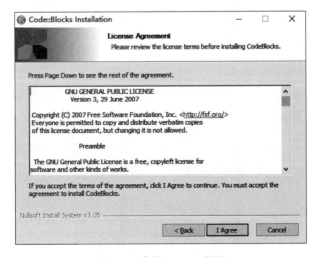

图 3-4　单击 I Agree 按钮

第三步,在如图 3-5 所示的界面中可以选择需要安装的内容,也可以按照默认设置安装,直接单击 Next 按钮,进入下一步。

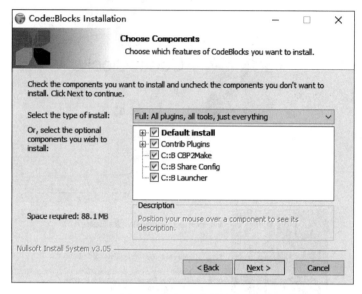

图 3-5 选择安装的内容

第四步,在图 3-6 中设置安装路径,单击 Install 按钮,进入如图 3-7 所示的安装界面。安装完成出现如图 3-8 所示的确认框,单击"否"按钮,回到如图 3-7 所示的界面,单击 Next 按钮进入下一步。也可以单击图 3-8 中的"是"按钮,启动运行 Code::Blocks。

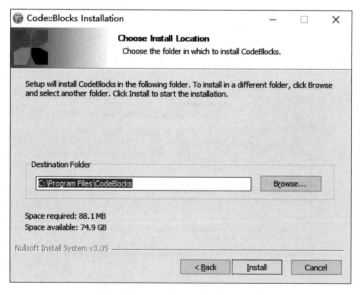

图 3-6 设置安装路径

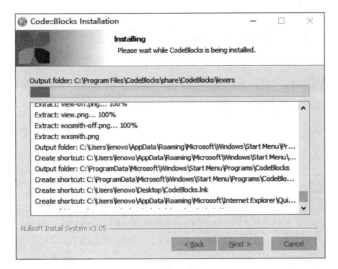

图 3-7 安装界面

图 3-8 安装选择确认

第五步,单击图 3-9 中的 Finish 按钮,完成安装。

图 3-9 完成安装

3.2 Code::Blocks 编程环境配置

第一次启动 Code::Blocks，会出现如图 3-10 所示的对话框，其中显示了自动检测到 GNU GCC Compiler 编译器，单击 OK 按钮，进入 Code::Blocks 的主界面，会弹出设置文件关联的对话框，如图 3-11 所示。设置需要关联的文件，单击OK 按钮即可进入如图 3-12 所示的 Code::Blocks 主界面。

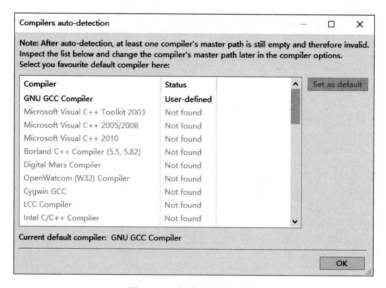

图 3-10 启动后的对话框

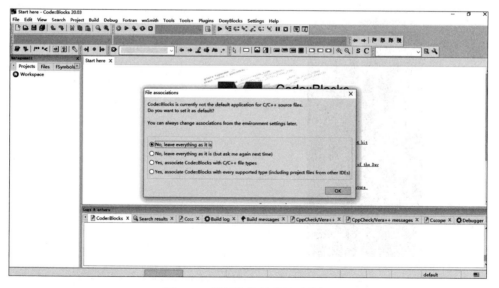

图 3-11 设置文件关联的对话框

进入 Code::Blocks 主界面,选择主菜单 Settings,如图 3-12 所示,然后就可以分别对环境(Environment)、编辑器(Editor)、编译器(Compiler)和调试器(Debugger)4 个子菜单进行配置了。

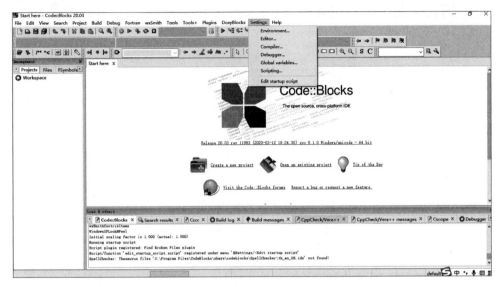

图 3-12　Code::Blocks 主界面

3.2.1　环境

选择主菜单 Settings 下的第一个 Environment 命令,会弹出如图 3-13 所示对话框,用鼠标拖动左侧的滚动条,可以看到很多带有文字的图标。这些下面带有文字的图标代表了不同的功能按钮。

编写或者调试程序的过程中偶尔会出现断电情况,如果没有后备电源,那么此时可能会丢失部分程序内容。为此,需要设置 Code::Blocks 自动保存功能所对应的选项。在如图 3-13 所示的界面用鼠标拖动左侧的滚动条,找到 Autosave 图标并选中它,界面如图 3-14 所示。可分别设置自动保存源文件和工程的时间(例如,均为每分钟保存一次)。Method 为保存文件的方法,分别是 Create backup and save to original file、Save to original file 以及 Save to .save file,默认设置是 Save to .save file,设置完毕后,单击 OK 按钮。

在如图 3-13 所示的界面用鼠标拖动左侧的滚动条,找到 Help files 图标并选中它,界面如图 3-15 所示,可在其中添加帮助文件。

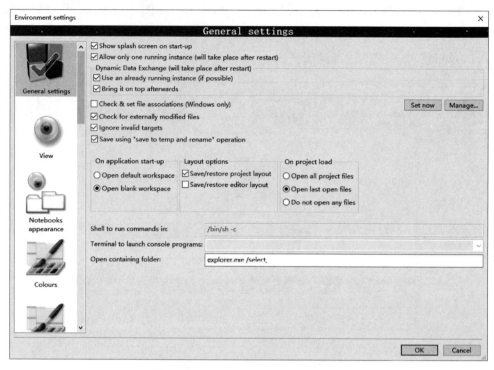

图 3-13　Environment settings 对话框

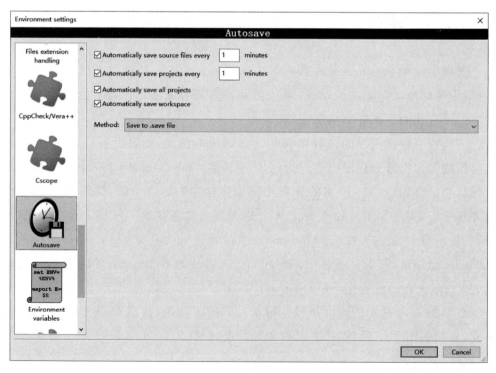

图 3-14　设置自动保存功能

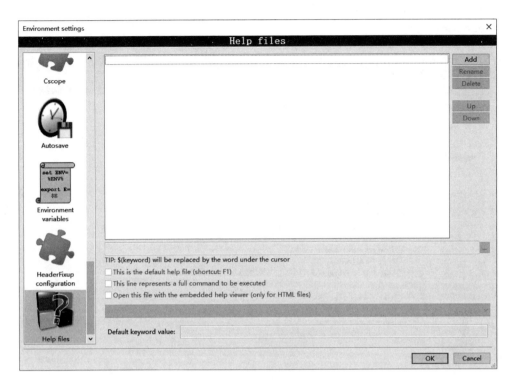

图 3-15　添加帮助文件

3.2.2　编辑器

编辑器主要用来编辑程序的源代码。Code::Blocks 内嵌的编辑器界面友好，功能完备，操作简单。启动 Code::Blocks，选择主菜单 Settings 下的 Editor 命令，会弹出如图 3-16 所示的对话框，默认显示通用设置 General settings 栏目。

单击如图 3-16 所示界面中的 Choose 按钮，会弹出如图 3-17 所示的对话框，可在其中实现对字体的设置，单击"确定"按钮，即可完成字体参数设置，进入上一级对话框 General settings，再单击 OK 按钮，则完成 General settings 设置并回到 Code::Blocks 主界面。

不同的人编写代码的风格不同，Code::Blocks 提供了几种代码的书写格式。在 Settings 主菜单中选择 Editor 命令，然后从弹出的对话框中（见图 3-16）移动左侧的滚动条，找到 Source formatter 图标并选中它，可以看到如图 3-18 所示的对话框。右侧 Bracket style 区域有 Allman(ANSI)、Java、K&R、GNU、Linux、Custom 等多种格式可选，最右侧则是这些风格的代码预览(Preview)，选中自己习惯或者喜欢的风格，然后单击 OK 按钮返回主界面。编辑器的常用基本设置就完成了。

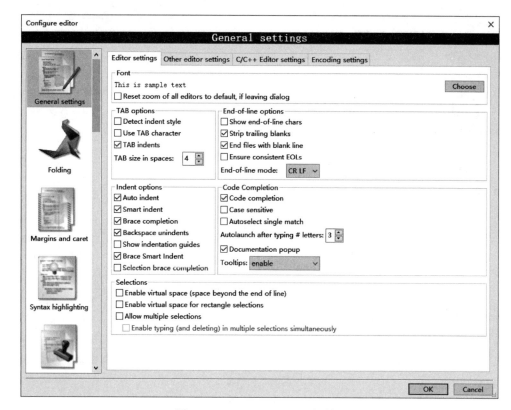

图 3-16　Configure editor 对话框

图 3-17　设置字体

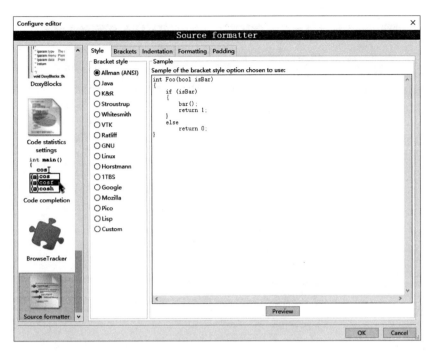

图 3-18　设置代码风格

3.2.3　编译器

用 C 或者 C++ 编写的源代码需要编译转换成机器可以识别的二进制代码才能执行,因此,编译器对程序的运行非常重要。编译器配置的参数设置会影响 IDE 环境中建立的工程。

在 Code::Blocks 界面的主菜单 Settings 下选择 Compiler 命令,显示如图 3-19 所示的对话框。Code::Blocks 支持多种编译器,默认编译器为 GNU GCC Compiler, 也可以选择其他的编译器,但不需要事先安装好需要用的编译器。单击如图 3-19 所示界面中的 Selected compiler 的下拉箭头按钮,可以看到如图 3-20 所示的界面,可以根据需要在多个编译器中进行选择。

在如图 3-19 所示界面中的 Compiler Flags 选项卡中可以进行编译环境的设置,如图 3-21 所示。单击 Toolchain executables 标签,出现如图 3-22 所示的界面,可在其中进行编译器安装路径的设置。单击如图 3-22 所示界面右侧的 Auto-detect 按钮,能自动识别编译器的安装路径。如果不能自动识别编译器的安装路径,则需要单击"..."按钮,手动添加编译器的安装路径。高版本的带编译器的 Code::Blocks 安装程序默认自动完成编译器的安装路径设置。

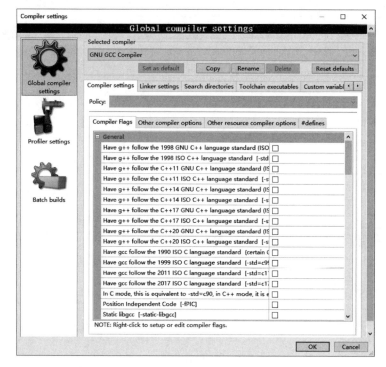

图 3-19　Compiler settings 对话框

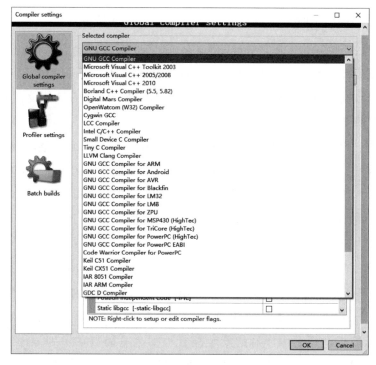

图 3-20　选择编译器

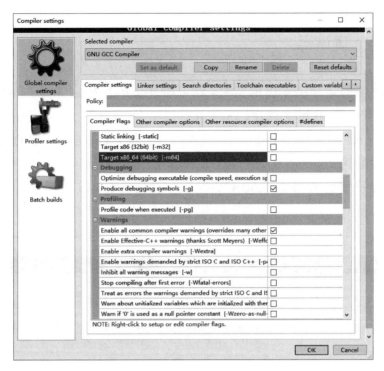

图 3-21 Compiler Flags 选项卡

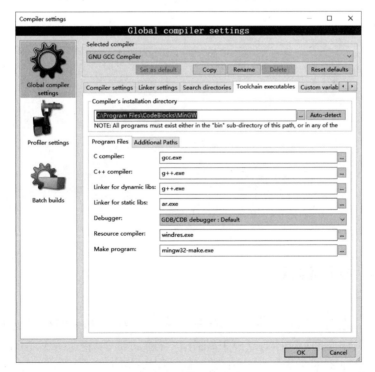

图 3-22 编译器安装路径

3.2.4 调试器

为了程序能运行出正确的结果,对一些复杂的程序可能需要不断地进行调试修改,就需要用到调试器。从 Code::Blocks 界面的主菜单 Settings 中选择 Debugger 命令,会弹出如图 3-23 所示的对话框,这就是调试器的配置界面,选择相关参数选项,单击最下方的 OK 按钮可完成相关配置,返回主界面。高版本的带编译器的 Code::Blocks 安装程序默认已自动完成初始的调试器的配置。

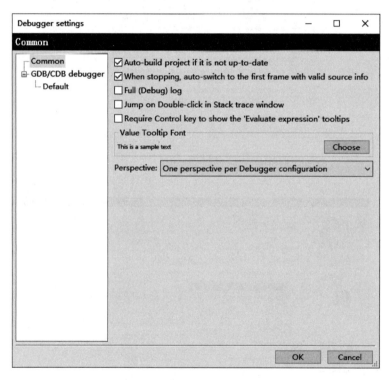

图 3-23 调试器的配置界面

3.3 编写程序

安装并启动运行 Code::Blocks 后,即可编写代码,进行程序设计。Code::Blocks 可创建一个工作空间(workspace)跟踪用户当前的工程(project)。可以在当前的工作空间中创建多个工程。一个工程可以方便地将相关文件组织在一起。一个工程刚建立时,一般仅包含一个源文件,复杂的工程可能包含很多源文件以及头文件。因此,一个工程就是一个或者多个源文件(包括头文件)的集合。源文件(source file)就是程序中包含源代码的文件,如编写 C++程序,源文件扩展名为.cpp。如创建库文件(library files,源文件扩展名为.h 或.hpp)时,会用到头文件(header file)。库(library)是为了实现特定目标的函数集合。

3.3.1　创建一个工程

创建工程的方法有很多,具体介绍如下。

(1) 选择 File→New→Project 命令,可以开始创建一个工程。

(2) 从图标按钮开始创建,单击 File 下面的 New file 按钮,会弹出一个对话框,从弹出的对话框中单击 Project 按钮,可以开始创建一个工程。

(3) 从如图 3-24 所示的 Code::Blocks 主界面中单击 Create a new project 按钮开始创建工程。

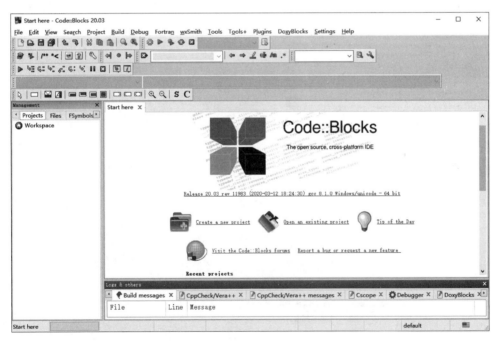

图 3-24　单击 Create a new project 按钮开始创建项目

无论使用哪种方式创建一个工程,都会打开一个对话框,如图 3-25 所示。这个窗口中含有很多图标,代表不同种类的工程。最常用的是 Console application,可用于编写控制台应用程序。

在如图 3-25 所示的窗口中用鼠标选中 Console application(控制台应用)图标,如图 3-26 所示。再单击右侧的 Go 按钮,会弹出如图 3-27 所示的对话框。

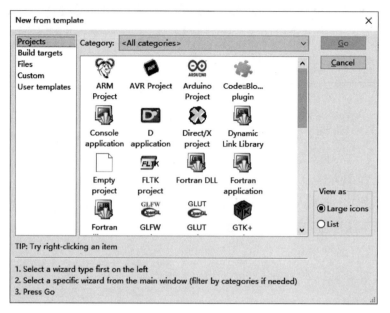

图 3-25　各种类型的工程图标

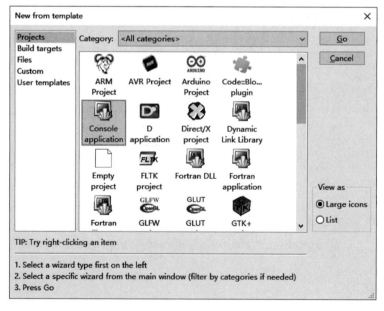

图 3-26　选择 Console application(控制台应用)图标

　　在如图 3-27 所示的对话框中单击 Next 按钮,弹出如图 3-28 所示的对话框。其中有 C 和 C++ 两个选项,选择 C++ 表示编写 C++ 控制台应用程序,选择 C 表示编写 C 控制台应用程序。这里以编写 C++ 程序为例,因此选择 C++。接下来单击下方的 Next 按钮,弹出如图 3-29 所示对话框。

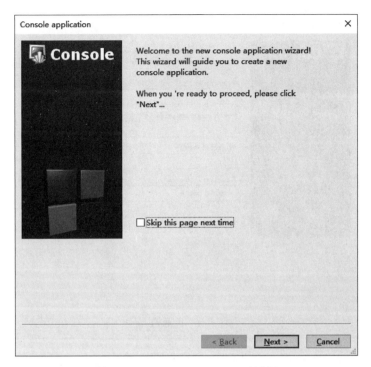

图 3-27　Console application 对话框

图 3-28　选择 C++

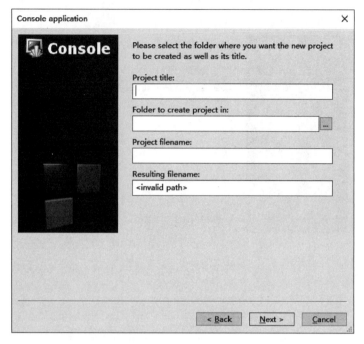

图 3-29　创建工程对话框

　　在图 3-29 中有 4 个文本框，只需填写前两个（工程名和工程文件夹路径），后
两个文本框中的内容会自动生成，如图 3-30 所示。单击 Next 按钮，进入下一步。

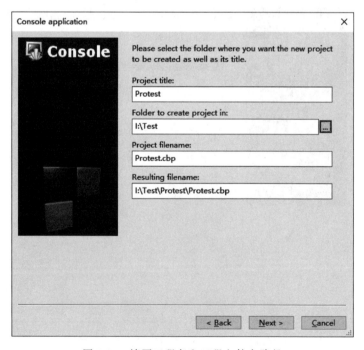

图 3-30　填写工程名和工程文件夹路径

在如图 3-31 所示的界面中配置编译器和调试器,通常保持默认设置即可。单击 Finish 按钮,完成工程创建,回到主界面。在如图 3-32 所示界面左侧可以看到刚刚创建的工程 Protest。该工程中默认包含一个 main.cpp 源文件。

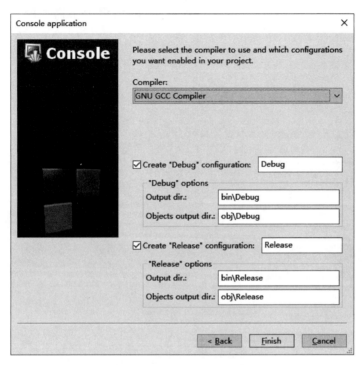

图 3-31　配置编译器和调试器

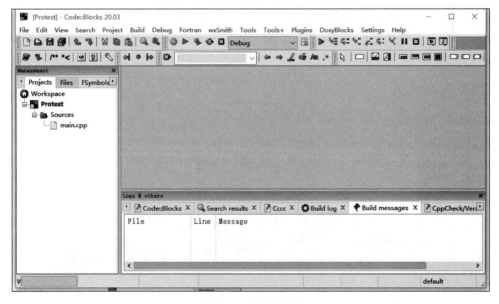

图 3-32　新工程界面

3.3.2 添加和删除文件

当建立一个工程后,可在工程中添加新文件,工程中不需要的文件则要从工程中删除。给工程添加文件的方法很多。选择刚建立的工程,右击后弹出如图 3-33 所示的菜单。

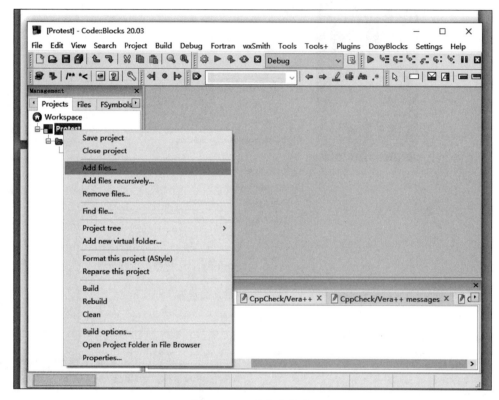

图 3-33　工程文件菜单

（1）Close project 用于关闭当前工程。

（2）Add files 用于添加文件到工程中。

（3）Remove files 用于从当前工程中删除文件。

（4）Build 用于编译当前工程。

（5）Rebuild 用于重新编译当前工程。

（6）Clean 用来清除编译生成的文件。

选择 Add files 选项,弹出如图 3-34 所示的对话框。可选择需要添加进入工程的文件。

图 3-34　选择需要添加进入工程的文件

3.3.3　新建文件

如图 3-35 所示,可以单击 File→New→File 命令,或者单击工具栏的 New file 按钮新建文件。

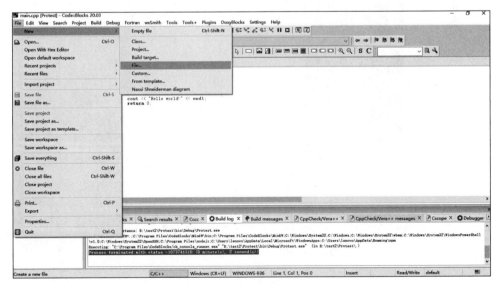

图 3-35　新建文件

在如图 3-36 所示的新建文件界面中选择文件的类型,单击 Go 按钮进入如图 3-37 所示的对话框,单击 Next 按钮进入下一步。

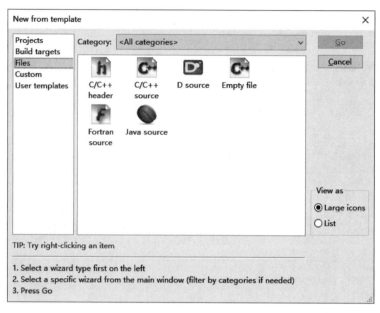

图 3-36　选择文件类型

图 3-37　创建文件向导

在如图 3-38 所示的界面中选择语言,单击 Next 按钮进入如图 3-39 所示的界面,输入文件的路径和文件名,单击 Finish 按钮完成文件的创建。

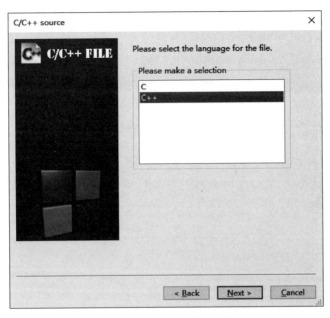

图 3-38　选择语言

图 3-39　输入文件名并完成文件创建

3.3.4　编辑、保存文件

要编辑已经存在的文件需要首先打开这个文件。可以通过 File 文件菜单中的 Open 命令或者单击工具栏的 Open 按钮打开文件,Code∷Blocks 会记住打开的文件路径,进入 Code::Blocks 主界面后可以看到最近用 Code::Blocks 打开过的工程以及最近打开过的文件。双击项目中的 main.cpp 文件,在右边的编辑窗口可以编辑修改源代码,如图 3-40 所示。修改完毕后,单击 Save 按钮保存当前文件,如图 3-41 所示。

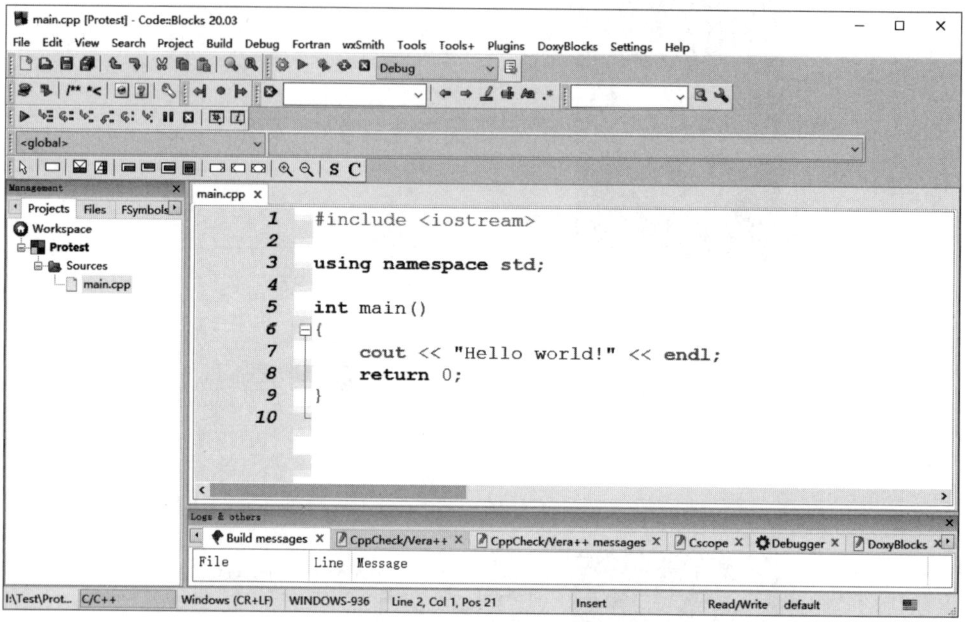

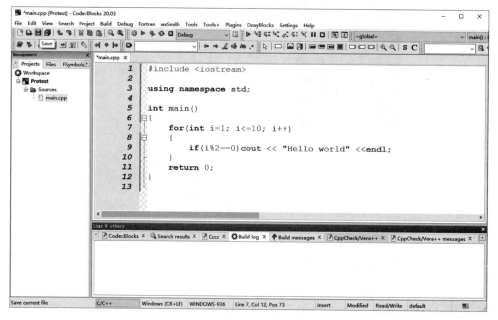

图 3-40　编辑修改源代码

图 3-41　保存修改后的文件

3.4 编译程序

如图 3-42 所示,可以通过 Build 菜单的 Build 命令或者单击工具栏的 Build 按钮对当前文件进行编译。编译完成后的信息会显示在主界面下方,如图 3-43 所示。

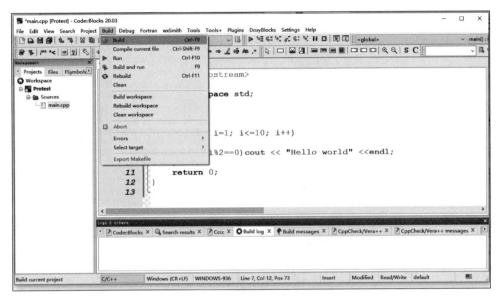

图 3-42 编译文件

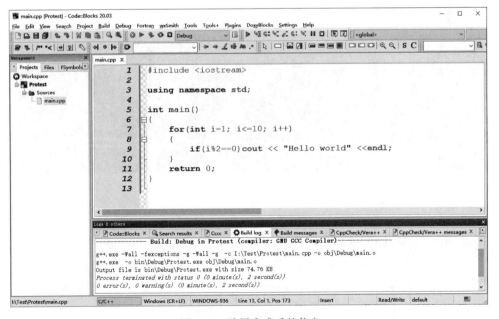

图 3-43 编译完成后的信息

3.4.1　运行程序

如图 3-44 所示，通过 File→Build→Run 命令或者单击工具栏的 Run 按钮可运行当前文件，运行结果信息会显示在如图 3-45 所示的窗口中。

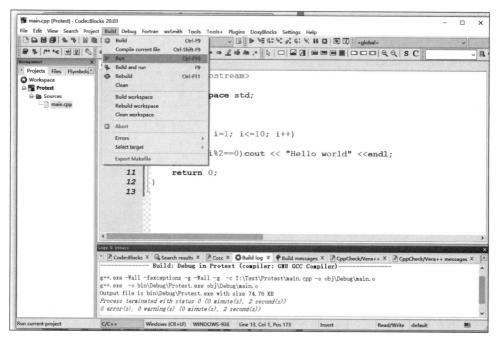

图 3-44　运行文件

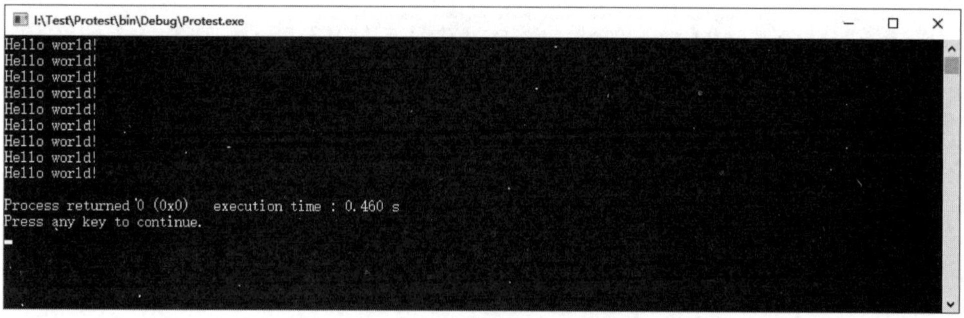

图 3-45　运行结果信息

3.4.2　调试程序

当编写的程序复杂时，可能存在语法或逻辑错误，很难一次性编译成功并运行得到期望的结果，这时需要对程序进行调试以便定位错误。调试程序有时需要在程序中的某些地方设置一些特殊的"断点",让程序运行到该位置停下来,有时需要检查某些变量的值,以帮助检查程序中的逻辑错误。

右击编辑窗口中的行号,可以设置断点,如图 3-46 所示。被设置断点的行号处出现圆点,如图 3-47 所示。

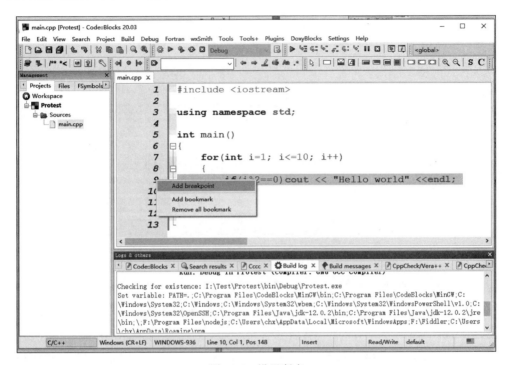

图 3-46 设置断点

图 3-47 断点显示

如图 3-48 所示,通过 Debug 菜单下的命令或者单击工具栏的 Debug 相关按钮按需要执行程序。

图 3-48 执行调试

如图 3-49 所示,通过 Debug 菜单命令(Debug → Debugging windows → Watches)可以打开观察变量的窗口。为了便于观察整个调试过程布局,可将 Watches 窗口拖动到合适的位置,展开各个变量,如图 3-50 所示,从 Watches 窗口中可以看到定义的变量。执行到下一行,可在 Watches 窗口观察变量值的变化,如图 3-51 所示。

图 3-49 观察变量的窗口

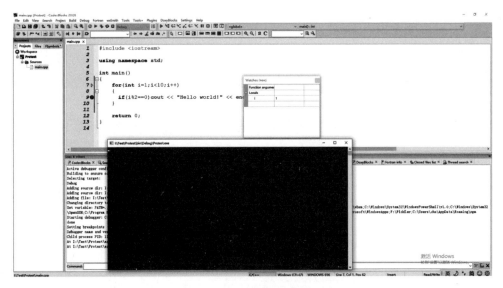

图 3-50　展开变量

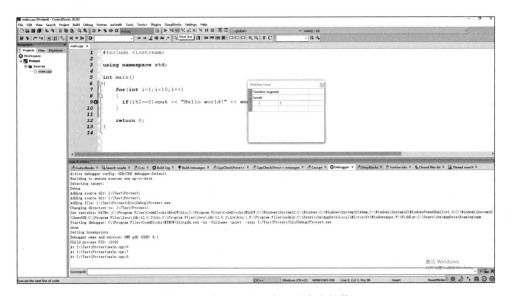

图 3-51　在 Watches 窗口观察变量值

　　本部分中主要介绍了开源、免费、跨平台的集成开发环境 Code::Blocks 的安装、配置及项目的新建、源程序的编辑、编译、调试、运行的全过程。与其他的 C/C++集成环境相比，Code::Blocks 是一款优秀的编译器，其界面简洁，易学易用，支持十几种常见的编译器，体积小，安装后占用存储空间小，功能强大，支持语法彩色醒目显示，支持代码完成，支持工程管理、项目构建、调试；具有灵活而强大的配置功能，除支持自身的工程文件、C/C++文件外，还支持 AngelScript、批处理、CSS 文件、D 语言文件等，可以用于数据结构课程中 C/C++源码的编辑、编译、运行。